기초 전기화학

이진영 지음

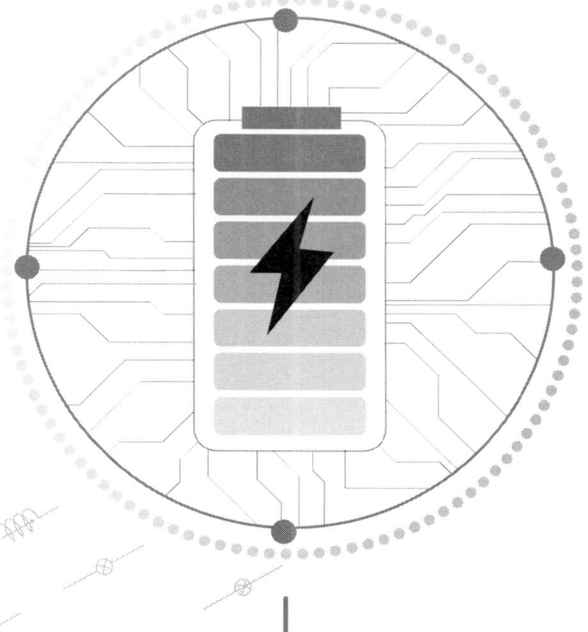

자유아카데미

서문 PREFACE

전기화학의 기초를 다루기 위해서는 일반화학 2, 일반물리 2, 물리화학 내용이 필수이다. 즉 전자, 전기장, 열역학의 기초를 확실히 해놓지 않고 전기화학을 다루면 응용 분야에서 쉽게 한계에 부딪히게 되며, 문제를 해결하기 위해 접근하는 시각 역시 한정적일 수밖에 없다. 따라서 이 책에서는 전기화학을 다루면서 전기화학을 이해하는 데 필요한 일반화학 2, 일반물리 2, 물리화학 내용을 적절히 함께 설명하고 있다. 복습이 필요한 내용은 예제문제로도 확인할 수 있도록 하였으며, 전기화학 수식의 경우는 기초적인 식을 중심으로 넣고 개념 설명에 더 집중하였다.

1단원, 2단원에서는 전기화학 기초개념인 전자와 산화-환원, 전극에 대해 설명한다. 특히 2단원의 전극에 대한 개념을 확실히 하고 다음 단원으로 넘어가는 것을 권한다. 3단원, 4단원은 전기화학 신호 해석을 위한 이론적 내용을 담고 있다. 신호 해석이므로 각 변수에 대한 식을 풀면서 그 의미를 살펴볼 것이다. 5단원, 6단원은 실제 전기화학 실험에서 적용할 수 있는 내용이 되며, 7단원은 리튬 이온 배터리의 전반적인 내용을 간단히 소개한다.

좋은 책을 위해 최선을 다했지만 오류가 있을 수 있다. 이 점은 양해를 바라며 추후 나올 수 있는 수정사항 등은 자유아카데미 홈페이지(www.freeaca.com) 자료실에 제공할 예정이니 참고하기 바란다.

끝으로, 책이 출간되는 데 도움을 주신 모든 분들게 감사의 말을 전한다.

2025년 6월

저자 이진영

차례

CONTENTS

01

전자

우리는 수많은 전자 장치에 둘러싸여 살고 있다. 전자 장치의 도선 안에는 전자(electron)가 흐르고 있고, 도선을 흐르던 전자가 일정 조건에서 전자를 얻거나 잃는 물질을 만나서 화학반응을 일으키면 전기화학이라고 말할 수 있다. 지름이 약 10^{-14} m인 전자 입자가 화학 물질의 나노 입자를 들어갔다 나왔다 하면서 벌크 세계에서는 어마어마한 변화를 일으키는 것이다. 무척 흥미로운 나노 세계이다.

1 전기장

전기화학은 전자의 움직임으로부터 시작된다. 전자는 계속 움직이고 있고, 움직이는 전자들 주변에는 전기장(electric filed)이 생긴다. 암페어 법칙(Ampere's law)에 따르면 변하는 전기장과 전기 전류(electric current)는 다음과 같이 자기장(magnetic field)을 유도한다.

$$\nabla \times B = \mu_0 J + \mu_0 \varepsilon_0 \frac{\partial E}{\partial t}$$

여기서, $\nabla \times B$는 자기장이 미치는 구역에서의 힘의 흐름(flux)을 나타내고, 전기 전류 밀도(electric current density, J)와 시간에 따른 전기장 E의 변화 속도에 의해서 발생된다. μ_0는 진공에서 자기장이 형성되는 정도를 나타내는 물리 상수(투자율)이며, ε_0는 진공 유전율이다. 이 식에 의해 일정 부피에서의 전기장(electric flux)은 전자 밀도(charge density)에 비례하게 된다.

여기서 말하는 전기장, 자기장은 무엇인지 알아보자. 여기서 장(field)이라고 함은 어떤 힘의 영향력 아래에 놓인 구역이다. 우리가 잘 알 수 있는 것으로 중력장이 있다. 지구상의 질량을 가진 모든 것들은 중력(gravitational force)의 영향을 받는다. 중력장에 있는 것이다.

일정 질량의 물건을 1 m 높이로 들어 올릴 때, 우리는 일을 했다고 말한다. 중력을 거슬러 물건을 들어 올렸기 때문이다. 이때 중력으로 인해 물건을 끌어당기는 힘의 크기와 방향이 있다. 크기와 방향성이 있으므로 중력장은 벡터장(vector field)이다.

벡터는 크기와 방향 성분을 모두 가지고 있지만, 크기와 방향은 서로에게 영향을 주지 않는 독립성분이다. 이럴 경우 우리는 1차원이 아닌 2차원 평면에 두 개의 성분이 서로 수직이 되도록 표시해준다. 공학에서 x축을 실수부로 y축을 허수부로 표현해주는 대표적인 예가 된다.

중력장이 미치는 모든 지구상의 어떤 지점(point)에서, 질량을 가진 물질은 중력만큼의 힘을 받으며 지구 지면 방향으로 힘의 방향을 가지고 있다. 전기장도 중력장과 같이 힘이 미치는 공간이고 그 힘은 양전하나 음전하에 의한 것이다.

정리하면, 전기장(electric filed)은 양전하 또는 음전하에 의해 주변의 전하에 영향(힘)을 미치는 공간이다. 즉 양전하나 음전하가 영향을 미친다는 것은 간단히 인력이나 반발력의 힘을 말한다. 이 공간상에서의 힘의 흐름을 선(flux)으로 표현한다.

만일 전하량 q를 가진 + 전하 주위로 정전기적 인력이 형성되면, 전기적 힘이 작용하는 공간에 대해 우리는 전기장(electric field, E)이 생겼다고 말하고, 전기장은 크기와 방향을 가진 벡터로 표현할 수 있다.

$$E = F/q \text{ (}F\text{는 정전기적 힘, }q\text{는 전하량)}$$

예제 1 + 전하 주위에 형성된 전기장(벡터)을 화살표와 선으로 그려보자.

전하를 띠는 두 입자 사이에서 작용하는 힘은 인력이나 반발력일 수 있다. 이 힘의 크기는 각 입자가 얼마나 센 + 또는 - 전하를 가지느냐에 따라 달라질 것이고, 거리가 가까울수록 두 입자간 힘의 크기는 더 커질 것이다.

따라서, 전하를 띠는 두 입자 사이의 정전기적 인력(electrostatic force)을 설명하는 쿨롱 법칙(Coulomb's law)은 두 입자 사이 거리(r)의 제곱에 반비례하고, 전하량(q)에 비례한다.

$$F = \frac{1}{4\pi\epsilon_0}\frac{q_1 q_2}{r^2}$$

1) 유전율

ϵ는 그리스 문자로 입실론(epsilon)이라고 읽으며 유전율을 가리킨다. 유전율(permittivity constant)은 외부에서 +, − 전기장을 걸었을 때 전기장 안에 있는 물질(매질) 분자들이 극성 분자일 때, 해당 전하의 반대되는 쪽으로 분자들의 배열이 달라지는 정도를 말한다. 이 식에서 쓰이는 유전율은 진공에서의 유전율을 말하는 것으로 $8.85 \times 10^{-12}\ C^2/N \cdot m^2$의 값을 갖는다. 전기장의 힘의 구역에 있는 어떤 극성 분자들은 전기장의 힘의 방향에 따라 제자리에서 배열할 수 있다. 이때 주변에 다른 입자가 있느냐 없느냐에 따라 배열의 정도가 달라질 것이고, 주변에 다른 입자가 없는 진공 상태에서 배열하는 정도인 진공에서의 유전율(ϵ_0)을 기본값으로 가지게 된다. 전기장이 그림 1.1 오른쪽과 같이 + 전극과 − 전극 사이에서 작동하고 있을 때는 직류 전압(DC)을 걸어주었을 때이다. + 전극에 다시 − 전압을 걸어주고, − 전극에 + 전압을 걸어주는 방식으로 전극의 +, − 전하를 일정 시간이 지났을 때 계속 바꾸어주면 교류 전압(AC)을 걸어주는 경우가 된다. 교류 전압 시에 전극 사이에 있는 매질 분자들은 +, − 방향에 따라 바뀌게 되고 얼마나 방향을 잘 바꾸느냐가 유전율을 결정하게 된다. 보통은 유전율이 높은 매질을 커패시터에 사용하게 된다.

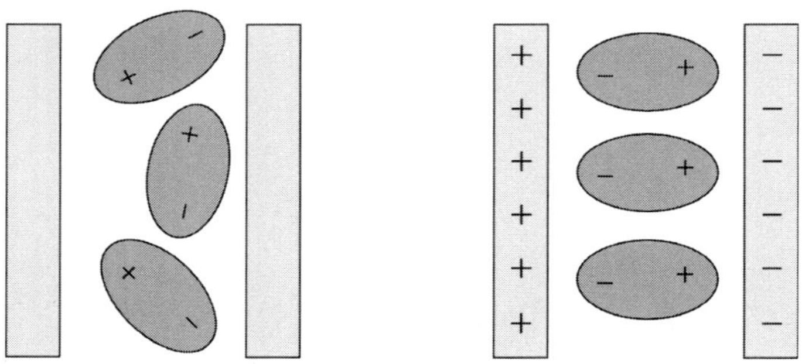

그림 1.1 전기장에서 극성 분자의 배열

유전율의 단위를 보면 전기장의 힘을 느끼는 힘의 1 N당, 그 구역의 면적 1 m^2당 + 또는 − 전하량에 따른 배열을 하는 것으로 본다. 유전 상수를 포함한 $\frac{1}{4\pi\epsilon_0}$는 쿨롱 법칙 식의 비례 상수이며, $8.99 \times 10^9\ N \cdot m^2\ /C^2$의 값을 갖는다. 유전율은 정전기(electrostatics)에서는 커패시터(capacitor)의 커패시턴스(capacitance)를 결정하는 중요한 성질이 된다.

유전율에서 언급한 극성 분자에 대하여 잠깐 알아보자. 물 분자는 쌍극자 모멘트(dipole moment)를 가진 극성 분자이다. H_2O에서 H—O 간의 전기 음성도(electronegativity, 공유 결합에서 각 원자의 핵이 공유 전자를 끌어당기는 상대적인 힘의 세기 정도)의 차이와 물 분자의 굽은형 구조로 인해 전자는 산소 쪽으로 쏠리게 된다. 이온은 아니지만, 분자 안에서 전자의 쏠림으로 인해 +, − 극이 생성되는 것을 극이 두 개 생겼다고 하여 쌍극자(dipole)라고 한다. 그리고 이 전자 쏠림의 크기와 방향에 따라 벡터로 표현하는데 원자간 결합에서의 전기 음성도 차이에 의한 전자 쏠림을 벡터로 표현하고 벡터의 합을 쌍극자 모멘트라고 한다. 즉 극성 분자는 쌍극자 모멘트가 존재한다(0이 아니다).

물 분자들이 양극과 음극의 두 전극 사이에 있을 때, 물 분자들은 전기장에서 퍼텐셜 에너지가 가장 작은 방향으로 쌍극자 모멘트의 방향성을 가지게 된다.

2) 쿨롱 법칙

쿨롱 법칙(Coulomb's law)에서 입자가 가지는 전하량 q는 무엇을 가리키는 것일까? 몇 초 사이에 도선의 단면적을 통과하는 전류(ampere, A)의 양이다. 따라서 다음과 같은 식으로 나타낼 수 있다.

$$dq = i\ dt$$

미국의 물리학자 밀리컨(R.A. Milikan)은 1908~1917년 실험(밀리컨의 기름방울 실험)을 통하여 9.109×10^{-28} g의 질량을 가진 전자 1개가 -1.6022×10^{-19} C의 전하량을 가지고 있음을 알아냈다.

쿨롱의 법칙은 q_1 전하량을 갖는 1번 입자와 q_2 전하량을 갖는 2번 입자 사이의 힘이다. 사실 1번, 2번 입자 이외에도 주위에 더 많은 전하를 띤 입자들이 있으므로, 그들 사이의 힘이란 그 합을 말한다.

예제 2 다음 그림의 각 입자(q_1, q_2, q_3)는 각각 -1, -1, +1가의 전하를 가지는 입자이다. 입자 q_2에 미치는 힘을 벡터로 표시해보자. q_1, q_2 사이의 거리와 q_2, q_3 사이의 거리는 모두 1 m로 같다.

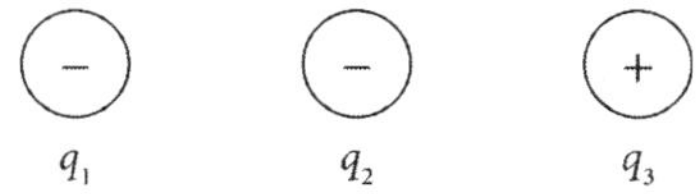

3) Gauss' Law & Gaussian surface

멈춰 있는 점전하 Q에서 나오는 힘을 선으로 표현하여 전기력선이라고 한다(그림 1.2). 이 전기력선은 무한대에 이르기까지 연속선으로 생각할 수 있는데, 내가 관심 있는 영역에서 도전체(conductor)가 받는 힘은 어떻게 계산할 수 있을까?

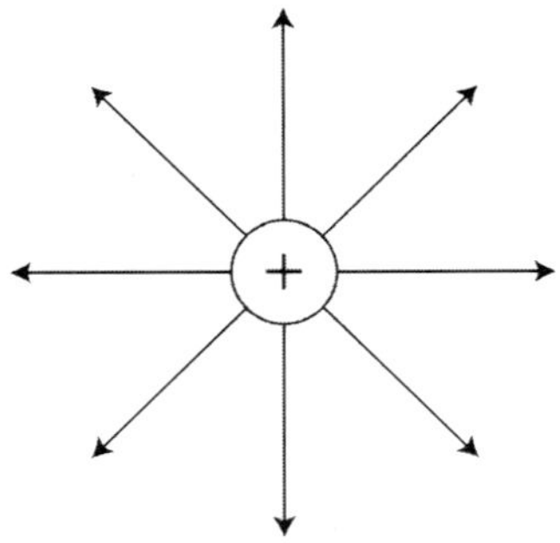

그림 1.2 멈춰 있는 양전하에서 나오는 전기력선은 무한으로 확장될 수 있다.

쿨롱의 법칙에서 정전기적 인력이란, 움직이지 않고 멈춰 있는 + 또는 - 전하를 띤 입자들 사이에서 인력과 반발력의 힘이 미치는 3차원의 영역이 있다. 이 영역 아래에서 실험상 또는 필요에 따라 우리가 정하는 단면(A)을 지나가는 힘의 흐름(flow)을 선속(flux)이라 한다(그림 1.3). 이는 힘의 크기와 방향을 가진 벡터 영역에서 설명할 수 있다.

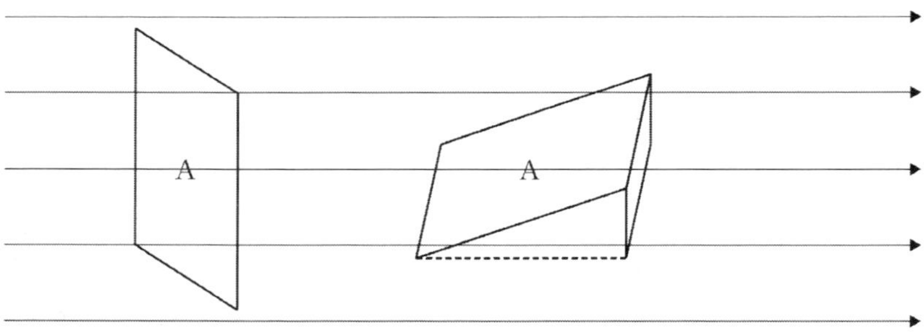

그림 1.3 단면 A를 지나는 힘의 흐름을 선속(線束, flux)이라고 한다.

그림 1.3에서 같은 단면적 A를 가진 입자가 벡터를 가진 힘의 흐름 가운데 있을 때, 단면적 A가 힘의 방향과 일정 각도 θ를 이루고 비스듬히 누워있다면 이 입자에 미치는 힘은 $A\cos\theta$이다. 선속은 단면(A, m^2)을 지나는 힘의 흐름 속도(m/s)이므로 선속의 단위는 두 값을 곱한 m^3/s이다. 1초당 단면(A)을 지나가는 힘의 흐름의 총량이라고 설명할 수도 있겠다.

보통 양의 전하에서 나오는 힘의 벡터는 나가는 방향의 화살표로, 음의 전하에서 나오는 힘의 벡터는 음의 전하 쪽으로 들어오는 방향의 화살표로 표현한다(그림 1.4).

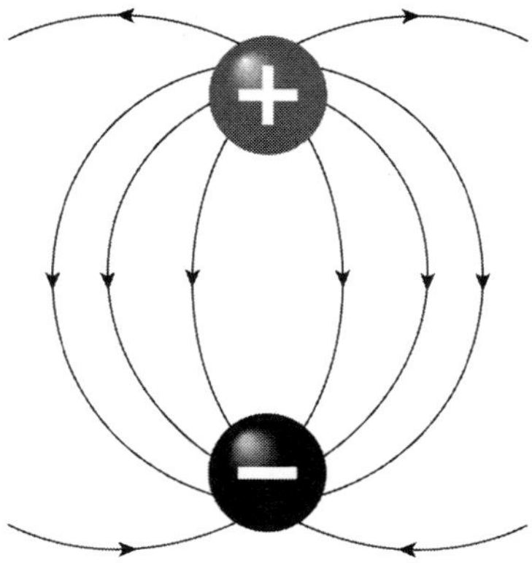

그림 1.4 양전하와 음전하의 힘의 벡터 표시

관심 있는 힘의 영역(filed, 장)에 대해 분포되어 있는 자기장 또는 전기장을 계산하기 위해서 전체 필드 영역을 계산하기는 쉽지 않다. 따라서 힘이 미치는 영역 중 일부를 원이나 원기둥 같은 대칭 도형으로 표시하여 Gaussian surface라고 한다. 이 Gaussian surface를 통과하는 전기력선의 합을 전체 총전하량으로 생각한다. 예를 들어 전기장 힘의 영역에서 Gaussian surface 안의 전하량(q)을 측정할 때 다음 식으로 정의할 수 있다.

$$\epsilon_0 \int E \ dA = q \quad = \mathrm{q} \qquad \text{(Gauss Law)}$$

ϵ_0는 유전율, E는 필드의 크기, dA는 Gaussian surface 단면적으로 각 단면적을 통과하는 전기장을 합하면 총전하량이 나온다.

도전체에 남아도는 전하(excess charge)가 있을 때, 그 전하는 도전체의 바깥 표면 쪽에 몰린다고 가정한다. 마찬가지로 Gaussian surface에서도 과량의 전하(excess charge)는 surface의 바깥 표면에 존재한다고 가정한다.

예제 3 지구상에서 우리는 중력의 힘의 영역 아래 있다. 중력도 자기장과 마찬가지로 힘의 방향과 크기가 있는 벡터이다. 중력의 힘의 영역은 자기장의 힘의 영역을 이해하는 데 도움을 준다. 다음과 같은 상황에서 각각이 받는 힘을 화살표 벡터로 그려보자.

(a) 중력(g)이 미치는 힘의 영역에서 처음 위치(i)에서 나중 아래 위치(f)로 떨어지는 질량 m_0를 가진 물체에 미치는 힘.

(b) 일정 전하량(q)를 가진 + 전하가 - 전기장의 공간에서 처음 위치(i)에서 나중 위치(f)로 인력 전기장(E)에 의해 이동할 때의 힘.

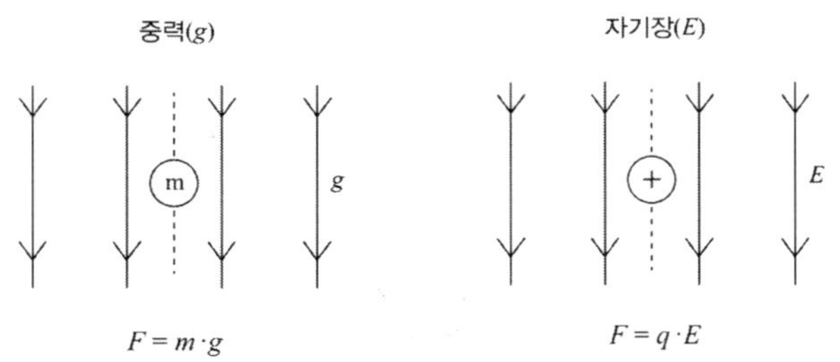

쿨롱의 법칙에서 정전기적 인력이란, 움직이지 않고 멈춰 있는 + 또는 - 전하를 띤 입자들 사이에서 인력 또는 반발력이다. 여기서 인력과 반발력, 힘의 영역과 방향을 표시할 때 움직이지 않는 기준점이 필요하고, 그 기준점을 중심으로 힘이 미치는 영역을 대칭으로 가정하는데, 이것을 Gaussian surface라고 한다.

예를 들어 금속이 진공 중에 존재할 때, 금속에 있는 자유 전자들은 골고루 분산되어 있을 것이다. 그런데, 금속이 전해질을 가지고 있는 용액과 맞닿게 되면, 금속의 전자가 가지는 에너지 레벨(level)과 용액 전해질이 가지는 전자의 에너지 레벨이 맞닿게 되면서, 전극-전해질 계면에서의 상호 작용(interaction)이 일어나게 되고, 충전(charging)이 발생한다. 이때 힘의 영역을 대칭인 원으로 Gaussian surface로 나타낼 수 있다.

그림 1.5에서 전해질 안의 점선이 Gaussian surface가 된다. 따라서 전하량(q)을 구하고자 할 때, 우리는 점선 안에서 발생된 전하량을 적분하여 구할 수 있다.

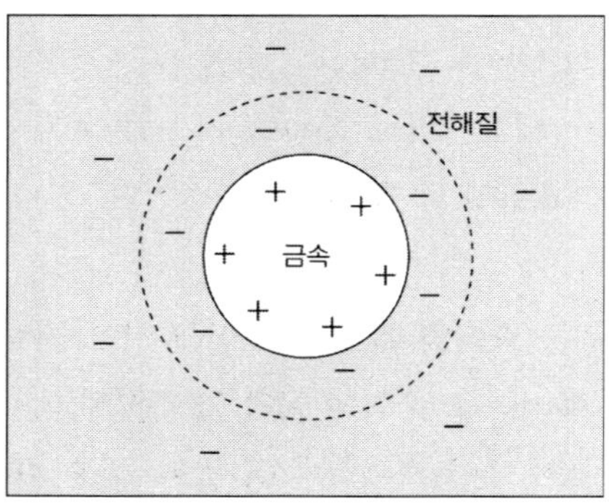

그림 1.5 전해질에서의 Gaussian surface

전기화학에서는 전극과 전해질의 맞닿아 있는 계면이 매우 중요하고, 여기에서 전자의 움직임, 전하량, 할 수 있는 일, 에너지가 매우 중요한 이슈가 된다.

4) 에너지

힘이 미치는 공간 안에서 물체의 움직임에는 에너지(energy)의 변화가 있다. 예를 들면, 질량이 있는 물질을 지면에서부터 일정 높이로 가져다 놓으면 중력으로 인해 위치 에너지(퍼텐셜 에너지)가 생긴다. 공이 떨어질 때, 중력 퍼텐셜 에너지가 운동 에너지로 변환된다.

그럼 공이 일정 높이에서 떨어질 때, 에너지의 차이(ΔU)는 어떻게 될까? 에너지의 차이는 나중 위치에서의 에너지(U_f)에서 처음 위치 에너지(U_i)의 차이로 구한다. 이때 위치 에너지 차이만큼 운동 에너지로 변하면서 공이 외부에 일(W)을 해준다. 공이 중력에 의해 외부로 일을 해준 것이므로 공의 내부 에너지는 줄어들게 되고, 해준 일에 마이너스 부호($-W_{if}$)를 붙이게 된다.

$$\Delta U = U_f - U_i = -W_{if} = \text{힘}(F) \times \text{거리}(l) = [\text{질량}(m) \times \text{가속도}(a)] \times \text{거리}(l) = [\text{질량}(m) \times \text{중력 가속도}(g)] \times \text{거리}(l)$$

물질의 내부 에너지는 운동 에너지와 퍼텐셜 에너지로 구성되어 있다. 퍼텐셜 에너지는 중력이나 자기장 또는 분자간 인력이나 반발력에 의한 에너지로 지구상의 물체에서는 위치 에너지에 해당된다. 이 내부 에너지는 위의 예와 같이 물질이 일을 해줌으로써 변화되기도 하고, 열을 출입함으로써 변화되기도 한다.

$$\text{내부 에너지 변화} = \text{일} + \text{열}$$

중력의 힘이 미치는 필드에서 물체의 움직임에 대한 설명을 자기장 힘이 미치는 필드에서 양전하의 움직임에 대한 설명으로 바꾸어보자.

양전하로 인해 자기장의 힘이 미치는 필드에서 어떤 점전하를 무한대 거리에서 + 전하가 미치는 힘의 공간으로 가져다 놓을 때 일을 해준 것이 된다.

$$\Delta U = -W_{if} = -W_{\infty}$$

중력 필드 안에서 물체의 움직임과 마찬가지로, 자기장의 필드 안에서 + 나 − 전하는 거리(l)에 따라 변하게 된다. 따라서 전기장에 의하여 한 일은 아래 식으로 표현한다.

$$W_{if} = q \int E \cdot dl$$

이 식에서 $\int E \cdot dl$는 각 거리에 따른 퍼텐셜(V)를 의미한다.

$$V = \int E \cdot dl = -\frac{W_\infty}{q}, \qquad W = Q(\mathrm{J}) = qV = CV$$

$$1 \text{ volt} = 1 \text{ J/coulomb}$$

힘이 미치는 필드와 상관없는 무한대로부터 필드 안으로 입자를 가지고 올 때 퍼텐셜(V)의 차이에 입자가 가지고 있는 전하량을 곱한 것이 퍼텐셜 에너지(J, Joule)가 되는 것이다. 정리하면, 1 C의 전하량을 가진 전자의 무리가 전기장 1 V의 인력을 거슬러 1 m 움직이게 되었을 때 1 J의 일을 했다고 말한다.

$$1 \text{ C} \times 1 \text{ V} = 1 \text{ J}$$

전자 1개가 전기장 1 V의 인력에 대항하여 1 m 움직일 때 일을 몇 J 해준 것일까? 위의 식에 의하면 전자 1개가 가지고 있는 전하량(coulomb)을 알아야 한다. 전자 1개는 1.6×10^{-19} C의 전하량을 가진다. 따라서 전자 1개가 한 일은 1.6×10^{-19} J이다.

2개의 수소 원자가 수소 분자가 되는 과정을 생각해보자. 수소 원자 2개가 서로 인력을 느끼지 못하고 멀리 떨어져 있을 때, 각 원자의 힘의 영역에 들어오지 못한 상태이다. 이때, 두 원자 간 퍼텐셜 에너지는 0이다. 두 수소 원자가 서로 인력을 느끼는 필드에 들어오게 되면 퍼텐셜 에너지는 어떻게 될까? 여기서 퍼텐셜 에너지는 중력장 안에서의 위치 에너지와 비슷하다고 생각할 수 있다. 중력의 당기는 힘을 거슬러 어느 높이에 있는 물체가 떨어진다면 퍼텐셜 에너지는 줄어든다.

예제 4 앞 단락의 설명을 토대로, 수소 원자 2개가 무한히 떨어져 있다가 서로 인력으로 공유 결합을 하는 경우 두 원자간 거리(x축)에 대해 퍼텐셜 에너지(y축)의 그래프를 그려보자.

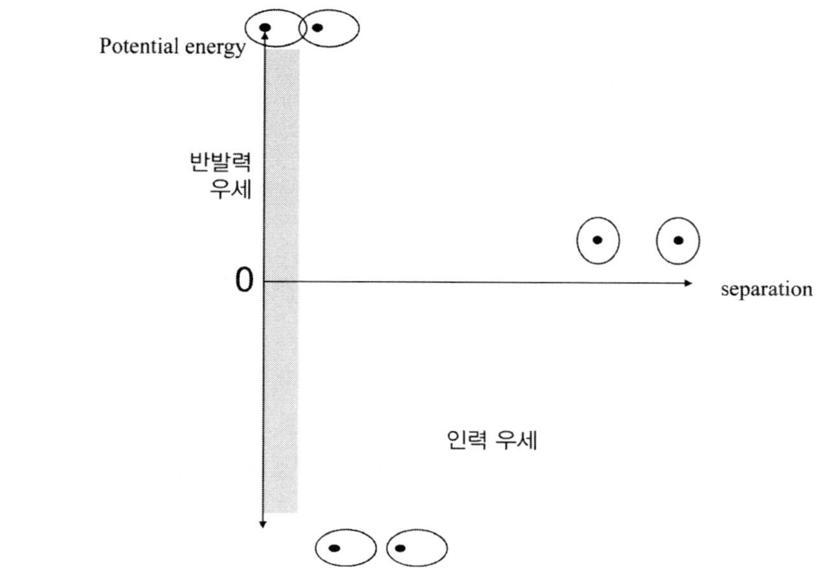

2 전자와 관련된 수치

전자는 마이너스 전하(charge)를 가지고 있고 지름이 약 10^{-14} m인 입자이다. 따라서 전자는 입자성과 파동성을 함께 가지고 있다. 전자 1개당 가지고 있는 전하량은 1.6×10^{-19} 쿨롱(Coulomb, C)이다. 전자 1몰의 전하량은 아보가드로수를 곱하면 96,500C 이 나오고 이것을 패러데이 상수라고 한다.

보통 전자 1개가 그림 1.6의 조건과 같은 1 V(Volt) 자기장 아래에서 마이너스 (−) 극으로 이동할 때, 척력을 거슬러 움직여야 하므로 일을 하게 된다.

$$1\ J = 1\ C \times 1\ V$$

이 식에 의하여 전자 1개가 하는 일은 1.6×10^{-19} J이 된다. 이때 줄 대신 1개 전자가 1 V를 거슬러 1 m 움직인다고 하여 에너지 단위를 1 eV로 쓰기도 한다.

$$1\ eV = 1.6 \times 10^{-19}\ J$$

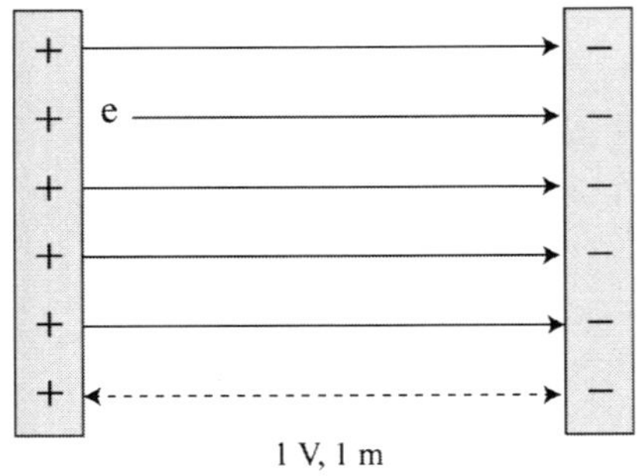

그림 1.6 전자 1개의 electron volt를 모사한 그림

물리학에서 일반적으로 '일을 한다'는 것은 어떠한 경우인가? 지구의 중력을 거슬러 10^2 g의 물건을 1 m 높이로 들어 올릴 때, 우리는 1 J의 일을 했다고 말한다. 전자 1개가 전기장 1 V의 인력을 거슬러 1 m 움직이게 되면 우리는 1.602×10^{-19} J의 일을 했다고 말한다. 전자 1몰(6.022×10^{23}개의 전자에 해당)이 같은 일을 하게 되면 몇 J의 일을 한 것일까?

$$(1.602 \times 10^{-19}\ \text{J/1개 전자}) \times (6.022 \times 10^{23}\ \text{개/1몰 전자}) = 96{,}470\ \text{C/1몰 전자}$$

이 계산에서 유효 숫자를 3개로 줄여 이야기하면 1몰의 전자가 가지는 전하량은 96,500 C이다. 이 수치를 1 패러데이(Faraday, F)라고 하고, 아래와 같이 단위 계산을 할 수 있다.

$$1\ F = 96500\ \text{C}$$

예제 5 전자 다발이 1 C의 전하량을 가졌다고 하면 이는 전자 몇 개에 해당하는가?

전자의 흐름을 전류라고 한다. 도선에 1 A(ampere)의 전류가 흐른다고 할 때, 1초당 도선의 단면적을 지나는 전자의 전하량이 1 C(coulomb)이라고 할 수 있고, 관련식은 아래와 같다.

$$dq = i\ dt$$

dq는 dt 시간 동안 전류 i만큼 흐를 때의 전햐량을 말한다.

3 전자의 성질

나노입자 또는 그 이하의 크기를 가진 입자들은 뉴턴의 역학 운동과는 다른 성질을 가지고 있다. 전자도 입자성과 파동성을 함께 가지고 있어서, 질량을 가진 입자인 동시에 간섭과 회절현상을 나타낸다.

특히 원자 내에서 핵을 중심으로 존재하는 전자는 운동량과 위치를 동시에 정확하게 나타내지 못한다(불확정성의 원리). 따라서 전자가 핵 주변 어느 위치에 있는지 표현하기 위해 확률로 이야기를 하게 된다. 전자가 존재할 확률 90% 이상이 되는 영역을 오비탈(orbital) 개념으로 설명한다. 입자성을 가진 전자는 끊임없이 병진, 회전 운동을 하면서 전자가 존재하는 공간에 대한 모양과 스핀이 정해지게 된다. 오비탈 모양으로 1s, 2s, 2p, 3s, 3p, 3d 등의 오비탈로 핵을 중심으로 한 전자의 배치를 말한다.

원자가 가지는 전자로 다시 정리하면, 전자는 질량을 가지고 있지만 크기가 10^{-18} m 이하인 입자로 파동 성질을 함께 가지고 있다. 따라서 정확한 위치 표시를 할 수 없으며, 핵 주변에 분포된 전자의 존재와 위치에 대해 확률로 나타낼 수밖에 없다(그림 1.7).

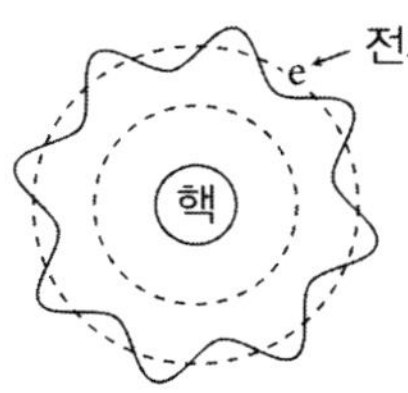

그림 1.7 핵 주변에서 확률의 형태로 존자는 전자 입자의 모식도

02

산화 전극, 환원 전극, 전위차

1 산화, 환원이란?

물질을 구성하는 원자는 핵과 전자로 구성되어 있고, 전자의 질량은 원자 핵(nucleus)에 비해 1,800배 작다. 원자나 이온에서 전자를 잃는 것을 산화(oxidation)라 하고, 전자를 얻는 것을 환원(reduction)이라 한다. 산화 또는 환원은 원자나 이온 기준이다.

예제 1 아래 반응에서 산화 또는 환원되는 원자나 이온은 무엇인가? 각 원자의 반응 전후 산화수(oxidation number)를 써 보자.

$$Al\ (s) + O_2\ (g) \rightarrow Al_2O_3\ (s)$$

산화 반응과 환원 반응은 항상 동시에 일어난다. 따라서 반응식을 이야기할 때 산화 반쪽 반응, 환원 반쪽 반응이라고 말한다. 즉, 환원 반응이 일어나려면 다른 누군가는 전자를 내놓는 산화 반응을 해야, 상대방이 전자를 받을 수 있다.

일반적으로 금속은 양이온을 띠고, 비금속은 음이온을 띤다. 즉, 주기율표의 왼쪽에 주로 위치한 금속은 전자를 잃어 산화를 하는 경향성이 있고, 주기율표의 오른쪽에 주로 위치한 비금속은 전자를 얻어 환원한다. 그 이유를 간단히 말하면, 금속은 + 이온이 되는 것이 - 이온이 되는 것보다 더 안정하기 때문이다.

예제 2 리튬(Li)과 금(Au)의 산화 반응 화학식을 써보고 리튬과 금 중에서 어느 금속이 더 쉽게 산화되는지 설명하시오.

전기화학에서는 산화, 환원에 의한 전자의 흐름이 매우 중요하다. 전자를 주고받은 화학 물질은 주변환경과 물질에 따라 화학적 반응을 하게 된다. 우리는 전기화학에서 이것을 공부하게 될 것이다.

전기화학에서는 산화된 물질을 산화종(oxidative species)이라고 한다. 에너지 측면에서 해당 조건에서 전자를 내놓은 물질이다. 환원종(reductive species)은 환원된 물질을 말한다. 산화 또는 환원이 가능한 물질을 통칭할 때는 산화-환원종(redox species)이라고 한다.

만일 다음 반응이 일어났다면 이 반응에서 산화종(oxidative species)은 Li^+이다.

$$Li \rightarrow Li^+ + e$$

예제 3 다음 각 화학 반응에 대해 답하시오.

(a) 아래 반응식에서 반응물 중 환원종은 어느 것인가?

$$Zn(s) \rightarrow Zn^{2+}(aq) + 2e, \qquad Cu^{2+}(aq) + 2e \rightarrow Cu(s)$$

(b) 페로사이아나이드 포타슘(potassium ferrocyanide, $K_4Fe(CN)_6$)을 물에 녹인 후, 다음과 같은 환원 반응이 일어났다. 빈칸에 들어갈 생성물을 쓰시오

$$Fe(CN)_6^{4-} + e \rightarrow \underline{\qquad\qquad}$$

2 산화, 환원 경향성 & 전위

이차 전지의 재료로 쓰이는 리튬 금속의 경우 반응성이 매우 뛰어나서 위험하다. 하지만 금이나 은의 경우는 반지나 목걸이를 만들어서 액세서리로 가지고 다닌다. 리튬과 금은 왜 반응성에 차이가 나는가?

이와 비슷한 원리로 중고등학교에서 하는 과학실험으로 황산 구리(copper sulfate, $CuSO_4$) 수용액에 아연(zinc, Zn) 금속을 담가 두면, 아연 금속 표면이 짙은 갈색으로 변하는 실험이 있다. 이때 아연 표면의 짙은 갈색은 황산 구리 수용액에 있던 구리 이온이 구리로 환원되는 것이다. 이것을 구리 도금이라고 표현할 수 있다. 외부에서 어떤 에너지를 주지 않아도 구리 이온과 아연 금속이 만나면 반응이 일어난다. 이 산화 환원 반응이 자발적으로 일어나는 이유는 구리 이온은 환원되고, 아연 금속은 산화되는 것이 열역학적으로 안정하기 때문이다. 또한 이 반응은 우리가 바로 관찰할 수 있을 정도로 반응 속도가 빠르다.

어떤 화학 반응에 대하여 이야기할 때, 이 반응의 가능성을 이야기하는 것이 열역학적 에너지 파트이고, 일정 시간 동안 어느 정도로 생성물이 생기는지를 보는 것이 반응 속도이다. 열역학적 에너지와 반응 속도 두 가지를 모두 고려해야, 실제 반응을 예측할 수 있다.

예제 4 아연 금속과 구리 이온의 반응을 그림으로 그려보시오. 아연은 황산 구리 수용액에 녹고, 구리는 아연 금속 표면에 붙는다.

1) 산화, 환원 경향성의 차이, 활동도 계열

아연이 황산 구리 수용액을 때, 아연 금속 고체(Zn(s))가 아연 양이온(Zn^{2+}(aq))으로 된다. 수용액 속의 물은 극성 분자(polar molecule)이므로, 전하를 띤 이온들이 분자 수준에서 물에 잘 섞이게 된다. 아연 금속 고체는 30개의 양전하와 30개의 전자를 가지고 있으므로 전기적으로 중성이고, 산화수는 0이라고 할 수 있다. 아연 양이온은 아연 금속 원자 1개당 전자 2개가 빠져나간 상태이므로 +2 전하를 띠게 되고, 산화수도 +2가 된다. 여기서 산화수가 증가했으니, 이 반응은 산화 반응이다.

산화 반응은 환원 반응이 없이는 홀로 일어날 수 없고, 동시에 일어나야 한다. 아연 금속의 산화 반응으로 나온 전자를 구리 양이온(Cu^{2+})이 받으면 구리 고체(Cu(s))가 되면서 산화수가 감소한다.

이러한 두 금속의 산화, 환원 경향성의 차이를 활동도 계열(activity series), 또는 환원력(reducing power)의 차이라고 한다. 여기서 환원력이란 다른 금속을 환원시키는 능력을 말한다. 다시 말해 금속 A가 산화되면서 거기서 나온 전자로 금속 B를 환원시킨다면, 금속 A의 환원력이 금속 B보다 세다고 말한다. 반대로 말하면 A가 B보다 더 산화가 잘 되는 것이다. 산화가 잘 될수록 전자를 쉽게 내놓고, 이 전자는 다른 금속 양이온을 만나 환원시킨다. 이는 앞에서 언급한 열역학 에너지 파트가 된다. 금속의 활동도 계열을 표 2.1에 나타내었다.

표 2.1 금속의 활동도 계열

$Li \rightarrow Li^{+} + e$
$K \rightarrow K^{+} + e$
$Ba \rightarrow Ba^{2+} + 2e$
$Ca \rightarrow Ca^{2+} + 2e$
$Na \rightarrow Na^{+} + e$
$Mg \rightarrow Mg^{2+} + 2e$
$Al \rightarrow Al^{3+} + 3e$
$Zn \rightarrow Zn^{2+} + 2e$
$Cr \rightarrow Cr^{3+} + 3e$
$Fe \rightarrow Fe^{2+} + 2e$
$Cd \rightarrow Cd^{2+} + 2e$
$Co \rightarrow Co^{2+} + 2e$
$Ni \rightarrow Ni^{2+} + 2e$
$Sn \rightarrow Sn^{2+} + 2e$
$Pb \rightarrow Pb^{2+} + 2e$
$H_2 \rightarrow 2H^{+} + 2e$
$Cu \rightarrow Cu^{2+} + 2e$
$Ag \rightarrow Ag^{+} + e$
$Hg \rightarrow Hg^{2+} + 2e$
$Pt \rightarrow Pt^{2+} + 2e$
$Au \rightarrow Au^{3+} + 3e$

활동도 계열에서 두 개 이상의 서로 다른 금속을 비교할 때, 리튬에 가까운 위쪽에 위치할수록 산화가 더 잘 되는 금속으로 양이온이 되기 쉬운 화학종이다. 양이온이 된 금속은 물과 같은 극성 용매에 잘 녹게 된다. 양이온으로 산화 반응이 되기 쉬울수록 용매에 쉽게 녹을 수 있다. 양이온이 되면 용매에 녹아 다른 물질과 반응하기가 쉽다. 즉 반응성이 좋다고 이야기한다.

예제 5 표 2.1을 보고 질문에 답하시오.

(a) 납(lead) 1개가 산화하면 몇 개의 전자가 나오는가?

(b) 납(lead) 1몰이 산화하면 몇 개의 전자가 나오는가?

(c) 납(lead) 3몰이 산화하면 몇 개의 전자가 나오는가?

(d) 금(gold) 또는 백금(platinum)이 물 속에서 쉽게 양이온이 될 수 있는지 쓰고, 설명하시오.

(e) 니켈(nickel)과 은(silver)의 활동도를 비교할 때, 환원력이 더 강한 것은 어느 금속인가? 이유는?

(f) 니켈 3몰과 은 1몰의 활동도를 비교할 때도 위의 활동도와 같은 결과가 나오는가? 즉, 각 금속의 양과 활동도 서열과는 어떤 관계가 있는지 예상하여 설명하시오.

(g) 비커에 니켈 금속 3몰, 니켈 양이온 3몰, 은 금속 1몰, 은 양이온 1몰이 있다. 이 비커에서 일어나는 산화, 환원 반쪽 반응을 쓰고, 전체 반응을 쓰시오.

(h) 온도가 25°C에서 100°C로 변하면 활동도 서열은 어떻게 될지 예상하고, 그 이유를 쓰시오.

(i) 수소는 금속이 아닌데 표 2.1의 활동도 서열에 수소의 활동도가 나타나 있다. 그 이유가 무엇인지 써보시오.

3 산화 전극, 환원 전극

전기화학은 기본적으로 산화-환원 반응이다. 산화 반응으로 나오는 전자는 전극에서 도선을 통해 환원 반응이 일어나는 환원 전극 쪽으로 이동한다. 이때의 전류의 흐름을 이용하는 것을 전기화학으로 볼 수 있다. 즉 단순 산화-환원 반응을 넘어서 산화 반응 시 나오는 전자를 받아 이동시킬 수 있는 산화 전극이 필요하고, 환원 반응이 일어나기 위해 전자를 가져다가 환원종에 넘겨주는 환원 전극이 필요하다.

그림 2.1은 전기화학 셀(cell)을 간단히 그린 것이다. 산화종이나 환원종은 셀의 용기 안에 용액에 존재한다. 산화 전극과 환원 전극 사이에 점선으로 있는 것은 분리막(separator)으로, 작은 구멍이 있는 폴리머를 주로 사용한다. 용매 분자는 분리막으로 자유롭게 넘어 들 수 있지만, 산화종, 환원종이 서로 섞이지 않도록 분리해 주는 역할을 한다.

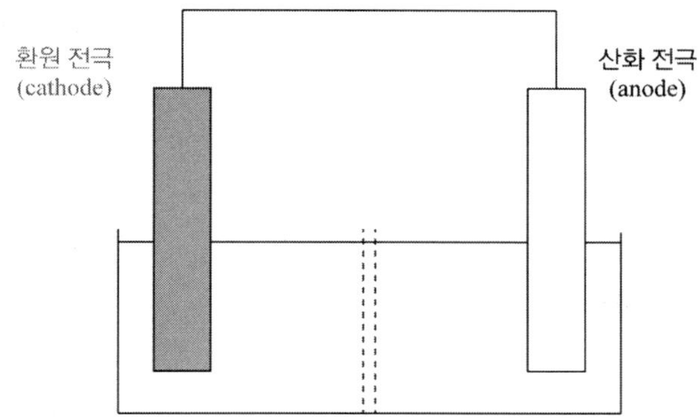

그림 2.1 전기화학 셀 모식도(scheme)

예제 6 다음 질문에 답하시오.

(a) 산화 전극, 환원 전극 모두 백금 전극일 때, 용액 안에는 $Fe(CN)_6^{4-}$와 $Fe(CN)_6^{3-}$가 함께 있다. 산화 전극과 환원 전극에서의 반응을 각각 쓰시오.

(b) 다음과 같이 산화-환원 반응이 일어난다고 할 때, 산화 전극과 환원 전극으로 쓸 수 있는 금속의 종류를 써보고 그 이유를 설명하시오.

$$Zn\ (s) \rightarrow Zn^{2+}\ (aq) + 2e, \qquad Cu^{2+}\ (aq) + 2e \rightarrow Cu\ (s)$$

(c) 산화 전극과 환원 전극 사이에 있는 용액에는 전해질(electrolyte)이 있어야 한다. 전해질은 어떤 성분으로 되어 있어야 하는지, 전기화학 셀에서의 역할을 써보거나 그려보시오.

백금이나 금은 앞의 활동도 표(표 2.1)의 가장 아랫부분에 있다. 즉 산화를 잘 하지 않아 반응성이 거의 없는 금속이라고 할 수 있다. 따라서 산화, 환원 전극이 백금이나 금일 경우는 전자를 전달하는 역할만 할 뿐 산화 또는 환원 반응을 직접 하지는 않는다.

반면 아연의 산화 반응과 구리 이온의 환원 반응에서, 아연 금속이 산화 전극이고 구리 전극이 환원 전극일 경우, 산화 전극인 아연은 산화 반응이 일어나면서 아연 양이온으로 용액에 녹게 된다. 즉, 아연 금속은 산화 반응이 진행되면서 점점 없어진다.

전기화학 셀에서 산화-환원 전극과 산화-환원 반응은 어떻게 정리할 수 있을까? 산화 전극 근처에서는 산화종의 산화 반응이, 환원 전극 근처에서는 환원종의 환원 반응이 일어난다. 산화 반응이 일어날 때 나오는 전자를 산화 전극에서 받아서 도선으로 옮긴다. 이 전자는 도선을 타고 환원 전극으로 가게 되고, 환원 반응에 필요한 전자를 제공하게 된다. 어쩌면 단순해 보일지 모르는 이 과정에서는 여러 가지를 고려해야 한다.

산화-환원 반응은 왜 전극 근처에서 일어날까? 환원 반응에서 환원종이 전자를 받을 때, 전자는 어느 오비탈로 들어올까? 전극이 백금 전극일 때 산화 또는 환원 반응 시 전극 표면은 아무 반응도 하지 않는가? 백금 말고 철을 전극으로 쓰면 어떻게 될까? 전극에서 산화종 또는 환원종으로 전자를 주고 받는 원동력은 무엇인가?

이 질문들에 대한 답을 하기 위해서는 먼저 전위 및 전위차에 대한 개념을 알아야 한다.

4 열역학

1) 평형 상태(equilibrium state)

앞에서 언급한 구리 용액에 아연 전극을 넣었을 때, 구리 도금이 되는 것은 구리와 아연의 산화 경향성에 차이가 있기 때문이다. 이것은 열역학적으로 반응의 가능성에 대한 것인데, 이 반응을 우리가 관찰할 수 있는 이유는 반응의 가능성이 높을 뿐만 아니라 반응 속도 측면에서도 빠르기 때문이다. 여기서 산화 경향성의 차이 또는 반응의 가능성은 두 물질 간의 열역학적 차이 때문이다.

예제 7 다음 구리 도금 반응에 관해 질문에 답하시오.

$$Zn(s) + Cu^{2+}(aq) \rightarrow Zn^{2+}(aq) + Cu(s)$$

(a) 이 반응은 한없이 진행될 것인가?

(b) 어느 순간 이 반응은 멈출 것이다. 반응이 더 이상 진행되지 않는 이유는 무엇인가?

여기서 평형의 개념을 생각해볼 수 있다. 화학 반응이 평형(equilibrium)에 도달했다는 것은 실험자가 관찰하는 유의미한 변화가 없다(즉 겉보기 반응이 없다)는 것이다. 예를 들어, 물이 수증기가 되는 반응을 생각해 보자.

$$H_2O(l) \rightarrow H_2O(g)$$

대기압 조건에서 상온의 물을 온도가 100°C가 될 때까지 가열하면, 물은 수증기가 된다. 겉보기 반응이 진행이 되어 반응이 오른쪽으로 간다고 할 수 있다. 물 18 g은 약 6.23×10^{23} 개의 물 분자를 갖는다. 물에서 수증기가 된 1×10^{23}개의 분자가 있다고 할 때 한 번 수증기로 된 분자들은 영원히 수증기 상태로 남게 되는 것일까? 그렇지 않다. 겉보기 반응이 수증기가 형성되는 쪽으로 진행된다고 해도, 각 분자는 수증기가 됐다가 다시 물이 되는 것을 반복할 수 있다. 단지 수증기가 되는 쪽으로 더 많은 반응이 흘러가서 수증기가 많이 생길 뿐이다. 그렇다면 평형이란 무엇인가?

각 분자가 물에서 수증기가 되는 속도와, 수증기에서 다시 물로 돌아오는 속도가 같아지면 겉보기에는 반응이 진행되지 않는 것처럼 보인다. 이 경우에 물은 끓는점에 도달한 것이며, 대기압하에서라면 이 온도는 100°C이다. 이처럼 반응은 한 방향으로만 기울어지지 않는 것처럼 보이는 상태를 평형 상태라고 한다. 해당 조건에서 반응물과 생성물은 일정 농도비를 유지하고 있으며, 이것을 평형 상수라고 한다. 이 상태를 정확하게 예측 또는 관찰하기 위해 고려해야 하는 것은 반응물, 생성물이 가지는 열에너지와 무질서도를 고려한 자유 에너지 변화 식이다.

2) 열에너지(엔탈피), 무질서도(엔트로피), 깁스 자유 에너지

화학 반응을 할 때는 반응물(반응계)과 주위 사이에 열에너지의 변화가 있기 마련이다. 이것을 엔탈피 변화(ΔH)라 하고 일정 기압에서 반응시키는 것을 조건으로 한다.

물이 수증기가 되려면 다음 반응과 같이 열에너지가 필요하다. 그런데 이 열에너지는 H_2O 분자가 가지는 평균 에너지에 해당한다.

$$H_2O(l) + \text{열에너지} \rightarrow H_2O(g)$$

우리는 평균 에너지 말고도 H_2O 분자 각각 가지고 있는 열에너지를 알고 싶다. 분자 수가 너무 많으므로, 예를 들어 50 kJ의 열에너지를 갖는 분자는 2×10^{22}개, 30 kJ의 열에너지를 갖는 분자는 3×10^{22}개 등으로 열에너지가 분포한다고 하자. 따라서 분자들의 평균 열에너지와 열에너지 분포도 두 가지 모두를 알아야 한다. 그 분포에 해당하는 것이 무질서도(엔트로피)이다. 분자들이 에너지 준위 전체에 골고루 퍼져 있으면 엔트로피가 크다고 할 수 있다. 엔트로피 값을 정할 때는 가장 아래에 있는 에너지 준위에 모든 분자의 에너지가 몰려 있을 때를 기준으로 0을 삼는다. 그러므로, 0 K 순수 고체 물질의 엔트로피를 기준으로 엔트로피 값을 정해준다.

따라서 화학 반응을 이해하기 위해서는 엔탈피(H)와 엔트로피(S)를 함께 아는 것이 중요하다. 이 두 가지 변수를 하나의 에너지 척도의 식으로 만든 것이 깁스 자유 에너지(Gibbs free energy)이다.

$$G = H - TS$$

자유 에너지는 화학 반응이 일어날 때 반응이 자발적으로 일어나는지(저절로 일어나는지)에 대한 중요한 판단 기준이 된다. 자유 에너지가 0보다 작을 경우, 화학 반응(예. A + B → C + D)의 정반응은 해당 온도와 압력 조건에서 자발적으로 일어나며, 자유 에너지가 0보다 클 경우, 화학 반응의 역반응(예. A + B ß C + D)이 일어날 가능성이 있다.

예제 8 다음은 $H_2O(l)$ 분자의 열에너지 분포도(엔트로피)에 관한 것이다. 오른쪽 분포도를 보고, 상대적으로 $H_2O(g)$ 분자의 분포도는 어떻게 될지 그려보시오.

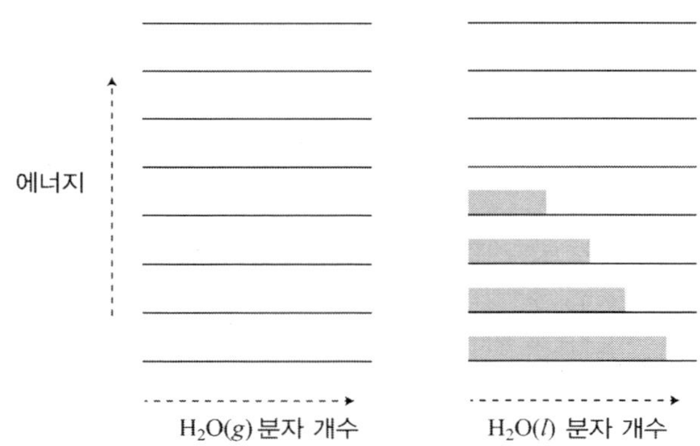

3) 화학 퍼텐셜(μ), 전기화학 퍼텐셜($\tilde{\mu}$)

화학 반응에서 깁스 자유 에너지를 따질 때는 해당 반응물의 양이 정해져 있지 않다. 이렇게 되면 어떤 반응에서 깁스 자유 에너지를 표시할 때 반응물 몇 몰에 해당하는 값인지 같이 표시해야 하므로 다소 번잡해진다. 따라서 화학 반응에서 반응물의 양을 1몰이라 가정하여 깁스 자유 에너지를 표시하는데, 이 값이 화학 퍼텐셜이다. 따라서 화학 퍼텐셜은 반응물 1몰에 대한 깁스 자유 에너지(G)이다.

$$G(1\text{몰}) = \mu$$

깁스 자유 에너지와 마찬가지로 화학 퍼텐셜도 반응물의 농도에 따라 달라진다.

$$\mu = \mu^{\circ} + R \cdot T \cdot lna \quad (R\text{: 기체 상수, } T\text{: 절대 온도(K), } a\text{: 농도})$$

여기서 a는 이온 활동도로 묽은 용액에서는 농도로 생각해도 된다. μ°는 표준 화학 퍼텐셜로 1기압, 1몰농도의 표준 상태에서의 화학 퍼텐셜을 나타낸다. 온도에 따라 달라지는데 보통은 25°C에서의 표준 화학 퍼텐셜을 반응 물질별로 나타낸 표를 사용한다.

반응물이 전하를 가지고 있지 않을 경우는 화학 퍼텐셜로 반응의 열역학을 이야기하지만, 산화-환원 반응처럼 반응물이 +나 - 전하를 가지고 있을 경우, 해당 전하가 가지고 있는 퍼텐셜을 합해야 한다. 따라서 화학 퍼텐셜에 반응물의 전하에 따른 전기 퍼텐셜(ϕ)을 합한 것을 전기화학 퍼텐셜(electrochemical potential, $\tilde{\mu}$)이라고 한다.

$$\tilde{\mu} = \mu + Z \cdot F \cdot \phi$$

여기서 Z는 반응물이 가지는 산화수(예. +1가, +2가, -1가, -2가 등)를 의미하며 F는 패러데이 상수로 전자 1몰이 가지는 전하량(96,500 C)이다.

4) 전위, 전위차

(1) 전위차와 전자의 흐름, 그리고 산화-환원 반응

그림 2.2는 전극과 전해질 용액 계면에서의 전위차를 설명하기 위한 모식도이며, 산화-환원의 가능성 열역학적인 측면에서 보여주는 것이다. 실제로 반응이 진행되는 것이 관찰되려면 이론적으로는 반응 속도도 확인해야 한다. 시간이 흘러 반응이 멈출

경우, 평형에 도달했다고 하고 열역학적으로 보면 전극과 산화-환원종 사이의 전기화학 퍼텐셜 에너지가 같아지는 지점에 도달한 것이다.

$$\tilde{\mu}(\text{전극}) = \tilde{\mu}(\text{산화-환원종})$$

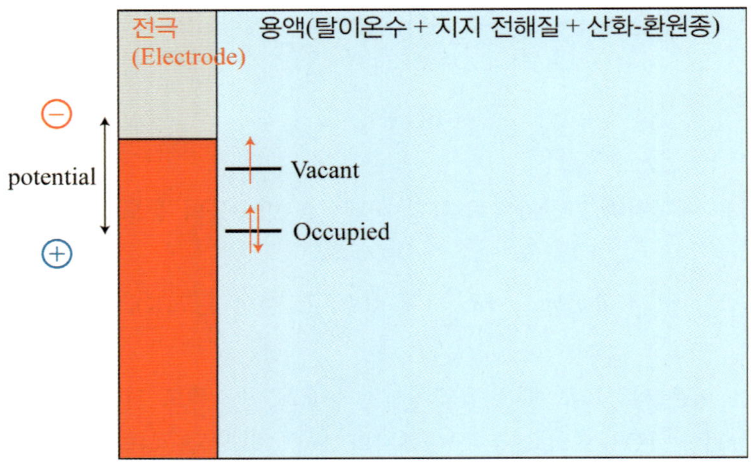

그림 2.2 고체 전극과 용액 사이 전자의 움직임

예제 9 그림 2.2를 보고 다음 질문에 답하시오.

(a) y축에 퍼텐셜을 그릴 때 보통은 위로 갈수록 숫자가 커진다고 표현한다. 하지만 그림 2.2에서는 퍼텐셜이 위로 갈수록 마이너스(-) 전하로 표시된다. 즉, 위로 갈수록 - 값을 가지고 절댓값이 커지는 것이다. 왜 y축을 이런 식으로 표시했는지 생각해보시오.

(b) 그림 2.2는 전극과 용액 부분으로 구분되어 있다. 화살표는 전자를 의미한다. 화살표가 있는 가로줄은 산화-환원종(redox species)의 오비탈을 표시하고 있다. 이 오비탈의 성질에 대해 생각해보시오.

(c) 전극 쪽에서 아래에서부터 좀더 진한 색으로 올라오고 있는 것이 전자들의 퍼텐셜 에너지라고 생각하자. 차오르는 전자의 위치와 화살표가 들어가야 할 가로줄의 위치 사이에는 어떤 관계가 있어야 하는지 예상하여 설명하시오.

(d) 수용액 쪽의 산화-환원종에 있던 전자가 고체 전극 쪽으로 들어가려면(redox species의 산화), 고체 전극에서 전자의 퍼텐셜 에너지 위치가 어떻게 되어야 할지 설명하시오.

(e) 고체 전극에서 전자가 용액 쪽의 산화-환원종의 오비탈로 전자를 주면서 산화-환원종을 환원시킨다고 할 때, 어떤 조건이 만들어져야 하는지 생각해보자.

(f) 고체 전극에서 용액 쪽의 산화-환원종으로 전자를 받거나 줄 때, 산화-환원종과 고체 전극은 어느 정도 가까이 있어야 할지 예상해 보자.

(g) 용액 쪽에 산화-환원종이 없다고 가정한다면, 고체 전극에서 전자가 용액 쪽으로 전자를 줄 수 있을까?

(h) 그림 2.2에서 용액의 구성 성분 중 용매로 물이 쓰일 경우, 탈이온수(deionized water)가 쓰여야 한다. 그 이유는?

(i) 용액의 구성 성분에서 산화-환원종 이외에 이온을 넣어주는데 이것을 지지 전해질(supporting electrolyte)이라고 한다. 수용액상에서 지지 전해질이 될 수 있는 화학 물질을 2가지 이상 쓰시오. 그리고 지지 전해질이 되기 위해서는 어떤 성질을 가지고 있는 화학 물질이여야 하는지 생각해보시오.

(j) 지지 전해질이 산화-환원종처럼 산화, 환원이 될 수 있는지 예상해 보고, 이유를 적으시오.

앞서 용액이 금속과 접촉했을 때의 전기화학 퍼텐셜을 이야기했는데, 종류가 다른 두 금속이 접촉할 때도 전기화학 퍼텐셜을 다룰 수 있다. 예를 들어 전기화학 셀 장치를 세팅하려면, 환원 전극과 산화 전극 사이에 구리 도선을 연결한다. 아연 전극에 구리 도선 연결 시 두 금속을 접촉했다고 해서 두 금속 간 화학 반응이나 산화-환원 반응이 일어나는 것은 아니다. 즉, 겉보기 반응이 없고, 평형 상태이다. 따라서 아연 전극과 구리 도선 간의 전기화학 퍼텐셜은 같다.

$$\tilde{\mu}(\text{아연 전극, Zn}) = \tilde{\mu}(\text{구리 도선, Cu'})$$

예제 10 다음 반응에 대한 전기화학 셀을 세팅하고자 한다. 전극으로 아연 전극과 구리 전극을 사용하여 전기화학 셀 모식도를 그려보시오.

$$Zn(s) + Cu^{2+}(aq) \rightarrow Zn^{2+}(aq) + Cu(s)$$

예제 10의 셀 모식도를 기호로 쓰면 다음과 같다. 아연의 산화와 구리 양이온의 환원이 자발적으로 일어난다.

$$(Cu') \; Zn(s) \mid Zn^{2+}(aq) \parallel Cu^{2+}(aq) \mid Cu(s)$$

산화 전극: $Zn(s) \rightarrow Zn^{2+}(aq) + 2e[Zn]$

환원 전극: $Cu^{2+}(aq) + 2e[Cu] \rightarrow Cu(s)$

이 산화 전극 반응에서 나오는 전자는 아연 전극으로 전달되었다가 구리 도선을 따라 구리 전극으로 전달된다. [Zn] 표시는 산화되어 나온 전자가 아연 전극으로 전달된다는 표시이다. 마찬가지로 환원 전극에서 구리 양이온으로 전달되는 전자는 구리 전극에서부터 전달된다는 표시로 [Cu]을 사용했다.

이 산화-환원 반응의 전체 반응을 쓰면 다음과 같다.

$$Zn(s) + Cu^{2+}(aq) + 2e[Cu] \rightarrow Zn^{2+}(aq) + Cu(s) + 2e[Zn]$$

예제 11 다음 식을 사용하여 위 반응에서 $Cu^{2+}(aq)$, $Zn^{2+}(aq)$ 각각의 전기화학 퍼텐셜을 쓰시오.

$$\tilde{\mu} = \mu + Z \cdot F \cdot \phi$$

여기서 아연 산화, 구리 양이온 환원 반응의 전기화학 퍼텐셜의 차이는 다음과 같다.

$$\Delta \tilde{G} = \tilde{\mu}(\text{생성물}) - \tilde{\mu}(\text{반응물})$$

$$\tilde{\mu}(\text{생성물}) = \tilde{\mu}(\text{Cu(s)}) + \tilde{\mu}(\text{Zn}^{2+}) + \tilde{\mu}(\text{2e[Zn]})$$

$$= \mu\ (\text{Cu(s)}) + \{\mu\ (\text{Zn}^{2+}) + 2\cdot\text{F}\cdot(\text{Zn}^{2+})\} + 2\tilde{\mu}(\text{e [Zn]})$$

위 식에서 아연 전극과 접촉하는 구리 도선 사이의 전기화학 퍼텐셜이 같으므로,

$$\tilde{\mu}(\text{Zn}^{2+}) = \tilde{\mu}(\text{Cu'}) = \mu\ (\text{구리 도선의 전자, e}) - F\phi(\text{Cu'}) = \mu_e(\text{Cu'}) - F\phi(\text{Cu'})$$

여기서 구리 도선(Cu')은 표준 상태이므로, $\mu_e(\text{Cu'}) = \mu_e^0(\text{Cu'})$이다. 따라서,

$$\tilde{\mu}(\text{생성물}) = \mu(\text{Cu(s)}) + \{\mu(\text{Zn}^{2+}) + 2\cdot\text{F}\cdot\phi(\text{Zn}^{2+})\} + 2\{\mu_e^0(\text{Cu'}) - F\phi(\text{Cu'})\}$$

예제 12 위 식을 완성하기 위한 질문이다.

(a) $\tilde{\mu}$(반응물)에 대한 식을 쓰시오.

(b) $\Delta\tilde{\mu}$ 식을 앞에서 배운 식을 이용하여 정리하시오.

$\mu = \mu^\circ + R\cdot T\cdot lna$ (R: 기체 상수, T: 절대 온도(K), a: 농도)

전지가 평형 상태가 되면 $\Delta\tilde{\mu}$ 값은 0이 된다. 예제 12에서 나온 식에서

$$\Delta \tilde{G} = 0 = \Delta G^\circ + R\cdot T\cdot \ln\frac{a(\text{Zn}^{2+})}{a(\text{Cu}^{2+})} + 2(F\phi(\text{Cu}) - F\phi(\text{Cu'}))$$

$$= \Delta G^\circ + R\cdot T\cdot \ln\frac{a(\text{Zn}^{2+})}{a(\text{Cu}^{2+})} + 2E_{\text{cell}}$$

묽은 용액 표준 상태일 경우, 이온 활동도(≈ 농도)는 1이고, 전위차 $E_{cell} = E^{\circ}_{cell}$가 되므로, 위의 식은 다음과 같이 정리된다.

$$\Delta G^{\circ} = -2FE^{\circ}_{cell}$$

5 전극 계면 전위차

전기화학 셀에서 전극과 전해질이 맞닿은 부분(계면, interface)에서 전극이 + 전하를 가지고 있을 때 전해질 용액에서 이온의 움직임(형태)은 어떻게 될까?

전극에 (+) 전위를 걸었을 경우, 전극 쪽으로 전자의 전기화학 퍼텐셜이 + 쪽으로 절댓값이 커진다. 전해질 용액의 - 이온 전해질이 전극 근처 계면으로 몰려온다. 전극과 계면의 - 이온 사이에 커패시터가 형성된다.

그림 2.3을 보면 - 이온 주변에 물 분자(용매 분자)가 둘러싸여 있다. 그림에는 따로 표시가 없지만, 작업 전극이 전해질 용액에 닿자마자 용매 분자 등 화학종들이 전극 표면에 달라붙을 수 있다. 따라서 + 전하를 가진 전극과 용액 전해질 계면의 - 이온 사이에는 전하를 가지고 있지는 않지만 유전율이 큰 화학종들이 사이에 존재하면서 커패시터가 형성된다고 볼 수 있다. 따라서, 전극-전해질 계면은 전기 회로에서는 커패시터와 비교할 수 있다.

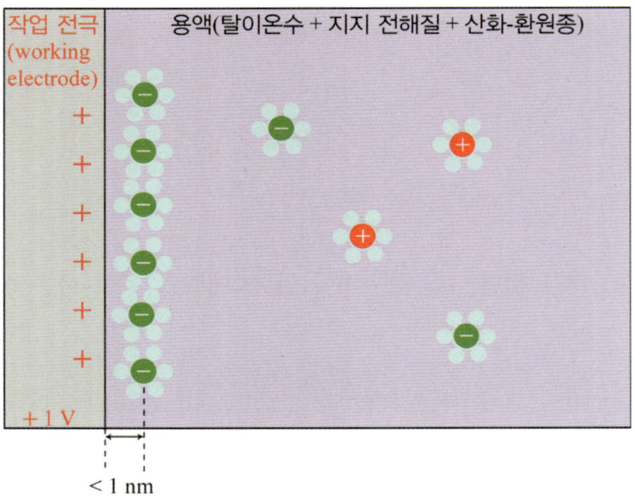

그림 2.3 전극과 용액 사이의 계면 모식도

커패시터의 + 전하와 - 전하 사이의 간격은 약 1~10 Å 정도가 되며, 일반적인 경우 전극 계면의 커패시턴스 값은 10~30 $\mu F/cm^2$가 된다고 알려져 있다.[2]

예제 13 커패시터(capacitor)는 전기 회로에서 어떤 특징이 있는지 쓰시오

커패시터는 두 개의 전극 사이에 유전체(dielectrics)가 존재하며, 양극과 음극에 각각 + 전하와 - 전하를 쌓아 전하의 저장 장치로 작동한다. 양극과 음극 간 퍼텐셜이 변하면 거기에 따라 각 전극에 모이는 전하량이 변하게 된다. 단위 퍼텐셜 전압당 전하량이 얼마나 쌓일 수 있느냐는 전극의 특성에 따라 다른데, 이것을 커패시턴스(Capacitance, C)라고 한다.

$$C = Q/V \quad (Q\text{: 총전하량, } V\text{: 전압})$$

전기 회로에서 커패시터는 직류 전류는 통과시키지 않고, 교류 전류가 흐르게 되면 교류의 주파수에 따라 커패시터 저항을 가지면서 전류를 통과시킨다. 전기 회로에서는 커패시터 저항을 포함한 모든 저항을 임피던스(impedance)라고 부른다.

전극-전해질 용액 계면에서의 커패시터 형성이 화학종의 산화 또는 환원에 어떻게 영향을 주게 되는가? 다음 예제를 통해 그 해답을 찾아보자.

예제 14 그림 2.4에 대해 질문에 답하시오. 왼쪽에 있는 전극을 작업 전극으로 표시했는데, 관심이 있어서 측정하여 신호를 받는 전극을 말한다. 오른쪽의 상대 전극은 그 반대편에 있는 전극으로, 작업 전극에서 환원이 일어날 경우, 상대 전극에서는 산화가 일어난다.

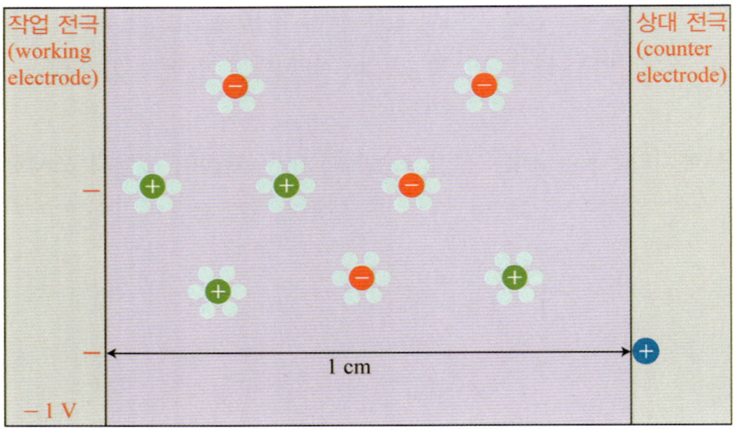

그림 2.4 두 개의 전극이 전해질 수용액에 담겨 있을 때

(a) 전기 이중층에 1개의 음전하와 1개의 양전하가 분리되어 있다. 두 전하 간 거리가 1 cm일 때와, 1 nm일 때의 전기장의 세기를 구하시오. 단위 전하당 전기력은 다음과 같이 계산된다.

$$E = \frac{Q}{4\pi\epsilon_o r^2} = (9\times 10^9)\frac{Q}{r^2}$$

(b) (a)의 결과를 이용하여 전기화학 셀 전해질 용액에 산화-환원종 이외에 전해질 이온(양이온과 음이온)을 넣어주는 이유를 설명하시오.

보통 금속 전극과 전해질 용액에서 계면에 생기는 커패시턴스 값은 농도와 큰 관계 없이 10~30 μF/cm^{2}의 값을 갖는다.[5] 이것을 내부 조밀 이중층이라고 하며 보통은 3 Å의 두께를 갖는다. 전극 근처에 + 이온이나 - 이온의 농도가 매우 높을 것인데, 전극에서 멀어질수록 이온의 농도는 넣어준 농도(벌크 농도)와 같아질 것이다. 이온이 전극과 조밀 이중층을 형성하고 벌크 농도와 같아지기 전, 이온 농도의 확산에 의한 외부 확산 이중층이라고 한다. 확산 이중층의 커패시턴스는 이온의 종류와 농도에 따라서 크게 차이가 날 수 있다. 이온 농도가 적은 매우 묽은 용액에서는 확산 이중층의 커패시턴스가 0에 가까워진다.

전기화학 셀에서 전해질 이온은 KCl, $NaNO_3$, NaCl 등 쉽게 산화 또는 환원되지 않는 이온으로 넣어주어야 한다. 즉 K^+ 이온은 쉽게 환원되지 않고, Cl^- 이온도 쉽게 산화되지 않는다. 산화-환원종보다 쉽게 산화 또는 환원되지 않아야 실험자가 목적에 맞게 반응을 진행시킬 수 있다.

산화-환원 반응 시 전극으로 전자가 전달되거나 나오게 되므로 산화-환원종의 전극과의 친화성(affinity)도 고려해야 한다. 여기서 한 가지 질문을 해보자. 전극에서 전해질 용액에 있는 환원종으로 전자가 전달되어야 할 때, 어떻게 전달이 되는 것일까?

일단 환원종에는 전자를 받을 수 있도록 비어있는 오비탈이 있어야 하고, 이 오비탈의 에너지는 전극의 에너지보다는 아래쪽에 위치해야 한다. 따라서 환원 시에 전자는 환원종 분자의 비어있는 오비탈 중 가장 낮은 오비탈(Lowest Unoccupied Molecular Orbital, LUMO)로 들어가게 된다.

한편, 산화-환원종은 용액 속에 녹아 있기 때문에 용매 분자에 둘러싸여 있는 것이 보통이다. 그럼 전극에서 전자가 나와서 환원종의 LUMO 오비탈로 전달될 때의 원동력은 무엇일까? 전기화학은 고체 전극과 용액에 있는 산화-환원종과의 전자 전달 반응으로, 고체와 액체같이 서로 다른 상태(phase)를 가진 물질 사이의 전자 이동에 관한 것이다. 따라서 불균일 반응(heterogeneous reaction)이다.

그림 2.4에서와 같이 전해질 이온이 있을 경우, 전극 표면과 전해질 용액 계면 사이에 1 nm 이하 간격의 커패시터가 형성되고 전위차가 생긴다. 나노 간격에 1 V의 전위차만 생겨도 10^7 V/cm의 큰 전위차가 걸리는 것과 같다. 결국은 이 큰 전위차가 전자 전달의 원동력이 되고 전극에서 용액 쪽의 환원종으로 전자의 터널링이 일어난다. 전해질 이온 중에서 Cl^- 이온은 금속 전극의 표면에 흡착하기 쉽다. 반면에 NO_3^-, SO_4^{2-} 이온은 금속 전극 표면 흡착을 잘 하지 않는다.

우리가 물리적인 양의 차이를 숫자로 측정하기 위해서는 항상 기준점이 필요하다. 전위차에서의 기준은 다음과 같은 수소의 환원 반응이다. 1 M 농도의 수소 양이온이 환원되는 전위를 0이라고 정하여 기준을 잡는다.

$$2H^+(aq) + 2e \rightarrow H_2(g)$$

만일 전극의 전위가 0 V보다 낮으면 수소 양이온(1 M)의 환원 반응이 일어난다. 반대로 0 V보다 높으면 수소 기체 분자의 산화 반응이 일어난다.

다른 물질의 산화, 환원 반응 전위차는 수소 양이온보다 얼마나 환원을 잘하는지 또는 그렇지 않은지를 척도로 삼는다. 이때 외부 조건이나 전해질에 있는 산화-환원종의 농도도 전위차에 영향을 미치므로, 우리가 만나기 쉬운 외부 조건을 세팅하고 수소와 다른 물질 간 전위차를 기준표로 제시를 하는데, 이것이 표준 환원 전위이다(표 2.2). 이는 표준 상태(1기압, 용액의 산화-환원종 농도 1.0 M)에서 해당 물질이 전극으로부터 전자를 받을 수 있는 전위를 수소 양이온의 환원 전위 0을 기준으로 나타낸 것이다. 표준 환원 전위이므로 모두 환원될 때를 기준으로 한다.

표 2.2 표준 환원 전위(298 K, 1 M, 1 atm)

반쪽 반응	$E°$(V)
$F_2(g) + 2e^- \rightarrow 2F^-(aq)$	+ 2.87
$O_3(g) + 2H^+(aq) + 2e^- \rightarrow O_2(g) + H_2O$	+ 2.07
$Co^{3+}(aq) + e^- \rightarrow Co^{2+}(aq)$	+ 1.82
$H_2O_2(aq) + 2H^+(aq) + 2e^- \rightarrow 2H_2O$	+ 1.77
$PbO_2(s) + 4H^+(aq) + SO4^{2-}(aq) + 2e^- \rightarrow PbSO_4(s) + 2H_2O$	+ 1.70
$Ce^{4+}(aq) + e^- \rightarrow Ce^{3+}(aq)$	+ 1.61
$MnO_4^-(aq) + 8H^+(aq) + 5e^- \rightarrow Mn^{2+}(aq) + 4H_2O$	+ 1.51
$Au^{3+}(aq) + 3e^- \rightarrow Au(s)$	+ 1.50
$Cl_2(g) + 2e^- \rightarrow 2Cl^-(aq)$	+ 1.36
$Cr_2O_7^{2-}(aq) + 14H^+(aq) + 6e^- \rightarrow 2Cr^{3+}(aq) + 7H_2O$	+ 1.33
$MnO_2(s) + 4H^+(aq) + 2e^- \rightarrow Mn^{2+}(aq) + 2H_2O$	+ 1.23
$O_2(g) + 4H^+(aq) + 4e^- \rightarrow 2\ H_2O$	+ 1.23
$Br_2(l) + 2e^- \rightarrow 2Br^-(aq)$	+ 1.07
$NO_3^-(aq) + 4H^+(aq) + 3e^- \rightarrow NO(g) + 2\ H_2O$	+ 0.96
$2Hg^{2+}(aq) + 2e^- \rightarrow Hg_2^{2+}(aq)$	+ 0.92
$Hg_2^{2+}(aq) + 2e^- \rightarrow 2Hg(l)$	+ 0.85
$Ag^+(aq) + e^- \rightarrow Ag(s)$	+ 0.80
$Fe^{3+}(aq) + e^- \rightarrow Fe^{2+}(aq)$	+ 0.77
$O_2(g) + 2H^+(aq) + 2e^- \rightarrow H2O2(aq)$	+ 0.68
$MnO_4^-(aq) + 2H_2O + 3\ e- \rightarrow MnO_2(s) + 4OH^-(aq)$	+ 0.59
$I_2(s) + 2e^- \rightarrow 2I^-(aq)$	+ 0.53
$O_2(g) + 2H_2O + 4e^- \rightarrow 4OH^-(aq)$	+ 0.40
$Cu^{2+}(aq) + 2e^- \rightarrow Cu(s)$	+ 0.34
$AgCl(s) + e^- \rightarrow Ag(s) + Cl^-(aq)$	+ 0.22
$SO_4^{2-}(aq) + 4H^+(aq) + 2e^- \rightarrow SO_2(g) + 2H_2O$	+ 0.20
$Cu^{2+}(aq) + e^- \rightarrow Cu^+(aq)$	+ 0.15
$Sn^{4+}(aq) + 2e^- \rightarrow Sn^{2+}(aq)$	+ 0.15
$2H^+(aq) + 2e^- \rightarrow H_2(g)$	0.00
$Pb^{2+}(aq) + 2e^- \rightarrow Pb(s)$	-0.13
$Sn^{2+}(aq) + 2e^- \rightarrow Sn(s)$	-0.14
$Ni^{2+}(aq) + 2e^- \rightarrow Ni(s)$	-0.25
$Co^{2+}(aq) + 2e^- \rightarrow Co(s)$	-0.28
$PbSO_4(s) + 2e^- \rightarrow Pb(s) + SO_4^{2-}(aq)$	-0.31
$Cd^{2+}(aq) + 2e^- \rightarrow Cd(s)$	-0.40
$Fe^{2+}(aq) + 2e^- \rightarrow Fe(s)$	-0.44
$Cr^{3+}(aq) + 3e^- \rightarrow Cr(s)$	-0.74

반쪽 반응	E°(V)
$Zn^{2+}(aq) + 2e^- \rightarrow Zn(s)$	-0.76
$2H_2O + 2e^- \rightarrow H_2(g) + 2OH^-(aq)$	-0.83
$Mn^{2+}(aq) + 2e^- \rightarrow Mn(s)$	-1.18
$Al^{3+}(aq) + 3e^- \rightarrow Al(s)$	-1.66
$Be^{2+}(aq) + 2e^- \rightarrow Be(s)$	-1.85
$Mg^{2+}(aq) + 2e^- \rightarrow Mg(s)$	-2.37
$Na^+(aq) + e^- \rightarrow Na(s)$	-2.71
$Ca^{2+}(aq) + 2e^- \rightarrow Ca(s)$	-2.87
$Sr^{2+}(aq) + 2e^- \rightarrow Sr(s)$	-2.89
$Ba^{2+}(aq) + 2e^- \rightarrow Ba(s)$	-2.90
$K^+(aq) + e^- \rightarrow K(s)$	-2.93
$Li^+(aq) + e^- \rightarrow Li(s)$	-3.05

전위차는 자유 에너지와 연결되고 온도에 따라 달라지므로 표준 환원 전위는 보통 25°C에서의 값으로 주어진다. 보통은 상온 25°C에서 전기화학 실험을 하게 되므로 이 온도로 정한다고 생각하면 된다. 한편, 표준 환원 전위 표를 보면 전위가 + 값을 갖는 경우와 - 값을 갖는 경우로 나누어진다. 표준 환원 전위 표에서 나오는 모든 전위는 해당 반응이 환원 전극에서 일어날 때 전위라고 할 수 있다.

표준 환원 전위가 마이너스 부호를 가지면서 절댓값이 커지면 수소 양이온보다 환원이 어려워진다고 볼 수 있고, 플러스 부호를 가지면서 절댓값이 커지면 수소 양이온과 비교하여 환원이 쉬워진다고 보면 된다. 이것을 다시 앞에서 설명한 모식도로 보면 이해가 빠르다(그림 2.5).

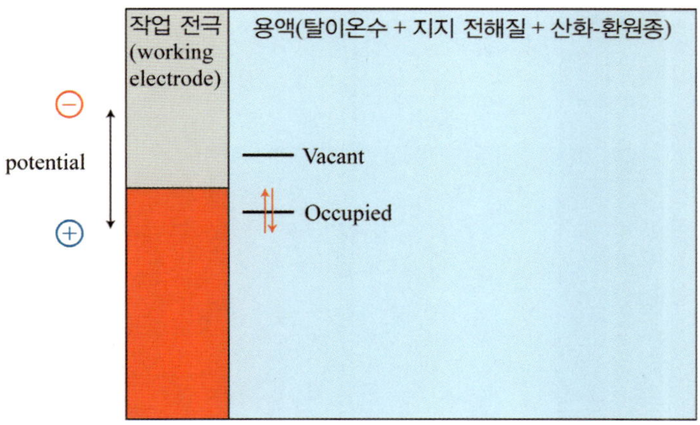

그림 2.5 표준 환원 전위 반응의 모식도

표준 환원 전위는 금속 이온의 이온화 경향성과 비교하여 이해할 수 있다. 금속의 이온화 경향성은 표준 환원 전위가 낮을수록 크다. 예를 들어 다음 반응식으로 나타낸 리튬, 포타슘, 칼슘, 소듐, 마그네슘, 알루미늄의 이온화 경향은 리튬에서 알루미늄으로 갈수록 약해진다(리튬이 이온화되기 쉽다).

$$Li^{+} + e \rightarrow Li(s)$$
$$K^{+} + e \rightarrow K(s)$$
$$Ca^{2+} + 2e \rightarrow Ca(s)$$
$$Na^{+} + e \rightarrow Na(s)$$
$$Mg^{2+} + 2e \rightarrow Mg(s)$$
$$Al^{3+} + 3e \rightarrow Al(s)$$

이 금속들의 표준 환원 전위를 표 2.2에서 찾아보면, 표의 위에서 아래로 이온화 경향의 역순으로 배열된 것을 확인할 수 있을 것이다.

예제 15 표 2.2의 표준 환원 전위 표에서 MnO_2의 환원 전위는 +1.23 V이고, Mn^{2+}의 환원 전위는 −1.18 V이다. 같은 Mn 물질인데도 이처럼 크게 차이가 나는 이유를 생각해시오.

6 기전력: 전극 전위차

전기화학 셀에서는 기전력(cell potential, E_{cell})이 중요하다. 기전력이 다음과 같이 자유 에너지를 결정하기 때문이다.

$$\Delta G^\circ = -nFE^\circ_{cell} \quad (n\text{: 산화-환원 반응에서의 전자 몰수, } F\text{: 패러데이 상수})$$

기전력은 화학 반응의 방향을 결정하게 된다. 표준 상태라면 산화 전극과 환원 전극 사이의 표준 환원 전위의 차이가 된다. 위 식에서 패러데이 상수는 전자 1몰의 전하량 96,500쿨롱(C)을 가리키는 상수이다. 화학 반응이 자발적으로 일어나려면 자유 에너지의 부호가 마이너스가 되야 하므로 기전력의 부호는 플러스가 되어야 한다.

1) 산화 전극과 환원 전극의 전위차

산화, 환원 반응이 함께 일어나야 전기화학 반응이 가능하다. 전기화학 셀에서 측정되는 기전력은 산화 전극과 환원 전극의 전위차이다. 다음 구리와 아연의 자발적인 산화-환원 반응(표준 조건)의 예를 통해 기전력에 대해 살펴보자.

$$Zn^{2+}(aq) + 2e \rightarrow Zn(s) \quad E^\circ = -0.76\ V$$
$$Cu^{2+}(aq) + 2e \rightarrow Cu(s) \quad E^\circ = +0.34\ V$$

아연과 구리의 자발적인 전기화학 반응에서 아연은 산화되고 구리 양이온이 환원된다. 아연 양이온이 환원되는 반응보다 구리 양이온이 환원되는 반응의 표준 환원 전위가 크기 때문이다. 산화 전극에서 일어나는 반응은 다음과 같다(아연 금속의 산화).

$$Zn(s) \rightarrow Zn^{2+}(aq) + 2e$$

환원 전극에서 일어나는 반응은 다음과 같다(구리 양이온의 환원).

$$Cu^{2+}(aq) + 2e \rightarrow Cu(s)$$

전체 반응은 산화 전극 반응과 환원 전극 반응의 합이다.

$$Zn(s) + Cu^{2+}(aq) + 2e \rightarrow Zn^{2+}(aq) + 2e + Cu(s)$$

전체 반응 전극 전위는 표준 상태에서 표준 환원 전위의 차이로 구하면 된다. 이때는 환원 전극의 표준 환원 전위에서 산화 전극의 표준 환원 전위를 뺀다.

$$\text{환원 전극의 표준 환원 전위 } E^\circ_{(\text{환원})} - \text{산화 전극의 표준 환원 전위 } E^\circ_{(\text{산화})}$$
$$= (+0.34\ V) - (-0.76\ V) = 1.10\ V$$

예제 16 다음 전지가 1기압 25°C에서 자발적으로 일어난다고 한다.

$$Al(s) \mid Al^{3+}(1\ M) \parallel Co^{2+}(1\ M) \mid Co(s)$$

(a) 산화 반응과 환원 반응을 쓰시오.

(b) 전체 반응을 쓰시오.

(c) 기전력을 구하시오(표준 환원 전위는 표 2.2를 참고하시오).

(d) 이 전지가 표준 상태인 이유는?

(e) 이 전지의 알루미늄 전극과 코발트 전극에서 질량이 감소하는 전극은 무엇인가? 혹은 둘 다 감소하지 않는가? 알맞은 답과 이유를 쓰시오.

(f) 이 전지에서는 전류가 계속 흐르겠는가, 어느 순간 멈추겠는가? 이유도 쓰시오.

전기화학 셀에서 산화 전극과 환원 전극 사이에 자발적으로 전류가 흐른다는 것은 산화-환원 반응이 자발적으로 일어나면서 겉보기 반응이 있다는 것이다.

$$Zn(s) + Cu^{2+}(aq) + 2e \rightarrow Zn^{2+}(aq) + 2e + Cu(s)$$

이 반응을 예로 들면 아연은 산화되고 구리 양이온은 환원되는 정반응이 진행된다는 것이다. 전류가 흐르지 않는다는 것은 겉보기 반응으로 정반응이 더 이상 나타나지 않고 정반응과 역반응의 평형 상태라는 것을 의미한다. 즉, 정반응 속도와 역반응 속도가 같아지면서, 정반응에서 흐르는 전류량이 역반응으로 인해 생기는 전류량과 같아진다. 겉보기 반응이 없는 평형이 된다는 것이 전기화학 셀에서 어떤 의미가 있는지 생각해 보자.

예제 17 물, 수소, 산소와 관련된 산화 환원 반응과 그 표준 환원 전위는 다음과 같다. 1기압이고 용액의 농도가 1 M로 표준 상태일 때, 아래 질문에 대한 설명을 쓰시오. 수용액의 전해질은 1 M Na_2SO_4이다.

$O_2(g) + 4H^+(aq) + 4e \rightarrow 2H_2O$ $E° = +1.23\ V$ ——— (1)

$O_2(g) + 2H_2O + 4e \rightarrow 4OH^-$ $E° = +0.40\ V$ ——— (2)

$2H^+ + 2e \rightarrow H_2(g)$ $E° = 0\ V$ ——— (3)

$2H_2O + 2e \rightarrow H_2(g) + 2OH^-(aq)$ $E° = -0.83\ V$ ——— (4)

(a) 표준 환원 전위 반응 (1)은 산소가 환원되어 물이 되는 반응이다. 전기화학 셀의 기전력이 +1.3 V가 될 경우 이 반응은 어떻게 되는가?

(b) 반응 (1)에서 용액이 산성이 아닌 경우, 표준 환원 전위 +1.23 V가 그대로 유지되겠는가?

(c) 물이 수소 기체와 산소 기체로 분해되는 물의 전기분해 반응이 일어날 때, 용액이 산성 용액이라면 산화 전극과 환원 전극에서 일어나는 반응은 어떻게 될지 위의 표준 환원 반응을 보고 생각해보시오.

(d) 문항 (c)의 전체 반응(물의 전기분해)을 쓰고 기전력을 구하시오.

(e) 물이 중성인 경우 산화 전극과 환원 전극에서 일어나는 반응을 각각 쓰고, 기전력을 구하시오.

물의 전기분해 전체 반응에서 기전력은 0보다 작다. 깁스 자유 에너지 측면에서 보면 자유 에너지는 0보다 커진다. 비자발적 반응으로 외부에서 에너지를 넣어주어야 물이 수소 기체와 산소 기체로 분해된다. 수소는 청정에너지의 하나로 주목을 받고 있어서 물을 전기분해하여 수소를 얻고자 하는 연구개발이 계속되고 있다. 하지만 수소 에너지를 얻기 위해서도 에너지를 투입해야 하므로 그 효율이 중요하다. 예제 17에서 보듯이 수용액이 산성인지 중성인지에 따라서 기전력도 변화한다. 전기화학은 같은 반응이라도 전해질의 조성에 따라 농도에 따라 열역학적인 기전력이 달라진다.

물의 전기분해 반응에서 열역학적인 부분 이외에도 반응 속도 측면도 고려해야 하므로 물의 전기분해에 쓰이는 전극과 촉매의 연구 역시 중요하게 다뤄지고 있다.

2) 기준 전극, 표준 상태

표준 환원 전위에서 기준은 수소 양이온의 환원이다. 그렇다면 이것을 기준 전극(reference electrode)으로 제작하면 어떻게 되겠는가? 그렇게 되면 표준 조건에서 수소 기준 전극으로 표준 환원 전위의 표를 확인할 수 있고, 표에 없는 반응도 측정이 가능할 것이다.

기준 전극으로 제작할 때 주의해야 할 점은 무엇일까? 다음 식에서 힌트를 찾아보자.

$$V = IR \qquad (V\text{: 전압, } I\text{: 전류, } R\text{: 저항})$$

이 식을 보면 전자가 저항체를 지나서 전류가 흐르면 전류와 저항의 곱만큼 전압이 사용된다. 전기화학 셀에서 2개의 전극을 도선으로 연결하여 전류가 흐르는 셀의 기전력을 측정할 때, 기준 전극은 전류가 흐르더라도 자체 전극의 전압 변화가 있으면 안 된다. 제작된 기준 전극은 전류가 흐르더라도 일정 전위를 유지해야 한다. 그림 2.6은 제작된 기준 전극의 전류-전압 조건을 나타내주고 있다.

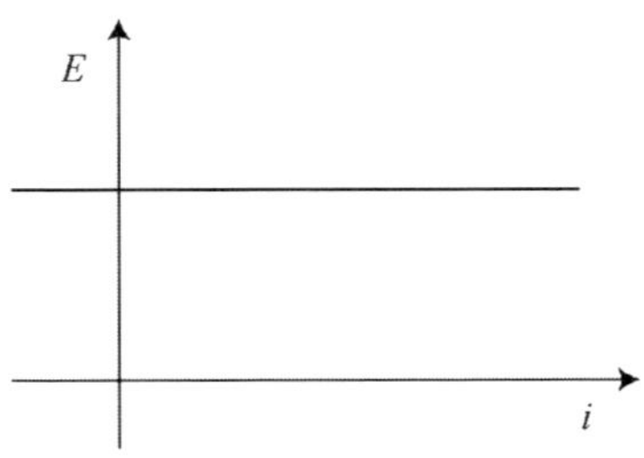

그림 2.6 제작된 기준 전극의 전류-전압 조건. 전위가 일정하게 유지되어야 한다.

수소 전극을 기준 전극으로 만들 때 이 전극을 NHE(노르말 수소 전극, Normal Hydrogen Electrode)이라고 한다. 이는 수소 압력이 1 atm이고 용액의 수소 이온의 농도가 1 M 농도로 표준 상태이다. 일반적으로 표준 상태는 1기압, 1 M을 이야기하지만, 더 엄격히는 압력이 1 bar이고 이온의 농도가 1 N(노르말, normal)일 때로 정의한다.

$$1 \text{ atm} = 760 \text{ mmHg} = 1.01325 \text{ bar}$$

노르말 농도는 양이온이나 음이온의 이온화까지 고려한 농도이다. 수소 양이온의 이온화된 농도가 1 N이라는 것은 양이온이 1 M가 되도록 시약을 넣어준다는 것이다. 보통 수소 양이온을 물속에 존재하게 하려면 강산이나 약산을 녹이게 된다. 강산의 경우 100% 이온화된다고 하여 1 M 농도의 HCl을 녹이면 물속에는 수소 양이온이 1 M 농도 존재한다고 말할 수 있다. 1 M H_2SO_4를 수용액에 녹일 경우 수소 양이온은 시약으로 넣은 H_2SO_4의 2배가 나오게 되는데, 이러한 이온화까지 고려하여 표시한 농도로 노르말 농도(N)를 쓴다. 1 M H_2SO_4 수용액에서 수소 양이온은 2 N이다.

수소 기준 전극을 제작하려면 어떤 화학종이 필요할까? 다음 수소 양이온 환원 반응에서 보듯이 H^+ 이온과 수소 기체 분자가 필요하다.

$$2H^+ + 2e \rightarrow H_2(g)$$

표준 조건을 맞추어야 하므로, H_2 기체가 1 bar를 유지하도록 해야 하고, 수용액 안에 수소 양이온이 이온 상태로 1 M 있어야 한다. 수용액에 녹인 수소 양이온은 모두 이온으로서 활동할 수 있어야 하는데, 이때 이온 활동도(ion activity)가 1이라고 한다. 이렇게 이상적으로 만들어진 수소 기준 전극을 표준 수소 전극(standard hydrogen electrode, SHE)이라 하고, 이때의 퍼텐셜을 모든 온도에서 0 V라고 약속한다.

수소 기준 전극이므로 도체 전극이 필요하다. 즉, 위의 반응에서 전자를 전달하거나 전달받을 수 있는 도체가 필요하다. 어떤 도체 전극을 사용하면 될까? 수소 기체 분자나 수소 양이온과 도체 전극 표면에 사이의 친화성(affinity)이 필요하다. 또한 수소 기체 분자는 도체 전극 표면에서 수소 원자로 쪼개질 수 있어야 하며, 도체 전극 자신은 반응하면 안 되고 반응 속도가 빨라야 한다. 이런 조건에 만족하는 전극으로 주로 백금(Pt)을 사용한다.

$$(\text{Pt})\ H_2(1 \text{ bar}) \mid H^+(\text{aq, ion activity} = 1)$$

위는 표준 수소 전극 전극을 표시한 것으로, 도체 전극으로는 백금(platinum, Pt) 전극을 사용하고 수소 기체를 사용한다. 백금 고체 전극과 수용액 간에는 다른 상태(phase)이므로 둘 간에는 막대(|)로 구분해 준다.

예제 18 SHE 전극을 제작한 후의 그림을 그려보시오.

SHE 수소 기준 전극 제작 시 가장 어려운 점은 수소 기체가 있어야 한다는 것이다. 따라서 실험에서는 편의를 위해 기체가 필요 없는 좀 더 간편한 기준 전극이 필요하다. 이때 사용되는 것이 Ag/AgCl 기준 전극이다. 기준 전극으로 사용해야 하므로, 일정 전류가 흐르더라도 Ag/AgCl 전극 전압은 유지가 되어야 한다. 다음과 같이 반응하는 Ag/AgCl 전극과 수소 기준 전극 사이의 전위차는 어떻게 되겠는가?

$$AgCl(s) + e \rightarrow Ag(s) + Cl^{-}(aq)$$

여기서 AgCl(s)은 흰색의 고체 형태를 가지며, 이온 결합 화합물이다. 보통은 Ag(s) 얇은 전극 막대 표면에 AgCl(s)을 입힌다.

예제 19 Ag/AgCl 전극과 SHE를 도선으로 연결했을 때, 기전력의 부호가 +였다. 산화 전극과 환원 전극을 정하고 각 전극에서 일어나는 반응을 간단히 설명하시오.

Ag/AgCl 반응에서 Ag^+의 환원 반응을 SHE와 비교한 전위차는 약 0.22 V이다(표 2.2). Ag/AgCl의 반응을 다시 보면 Cl^-(aq)가 사용되고, 염화 이온 수용액의 농도가 1 M인 표준 상태에서 0.22 V의 전위차를 갖는 것이다. 만일 염화 이온 수용액의 농도가 변하면 전위차는 어떻게 될까? 아직은 언급하지 않았지만, 산화-환원 반응에서는 이온의 농도에 따라 전위차가 달라진다. 이온 농도의 변화는 평형 상태를 움직이게 하고 그것은 전위차에 영향을 주기 때문이다.

예제 20 Ag/AgCl 기준 전극을 그려보자. Ag의 산화, 환원 반응에서 염화 이온의 농도가 변하면, Ag/AgCl 전극의 전위가 바뀌므로, 기준 전극으로 사용할 수 없다. 이것을 방지하기 위해 어떤 용액을 사용하면 좋을지 생각해 보시오.

Ag/AgCl 반응에서 표준 환원 전위가 바뀌지 않으려면 Cl^- 이온의 농도가 일정하게 유지되어야 한다. 수용액에서 이온의 농도 유지를 위해 포화 용액을 만들면 된다. 예를 들어 KCl을 물속에 포화될 때까지 녹이면 포화된 후에는 더 이상 KCl이 녹지 않으므로 농도가 포화 용액 농도(KCl의 경우 3.5 M)로 일정하게 유지된다. 또한 Ag/AgCl 전극을 기준 전극으로 사용해야 하므로 염화 이온 포화 용액을 다른 용기(container)에 분리시켜 준다.

따라서 Ag/AgCl 기준 전극을 만들때는 Ag 금속 고체에 AgCl을 코팅시켜 주고(Ag와 AgCl 간의 비율은 약 4:1 이 되는 것이 좋다.[1]) 이것을 KCl 포화 수용액에 담고, 다른 용액과 분리되게 한다. 단, 이온의 이동은 있어야 하므로, 외부 용액과의 사이에 다공성 유리 막(porous glass frit)을 사용한다. Ag/AgCl 기준 전극에 다공성 유리막을 써서 외부 용액과 이온의 이동이 있어야 하는 이유는 무엇일지도 함께 생각해보자.

7 전극 전위의 농도 의존성

전극 전위는 농도 의존성을 갖는데, 자유 에너지의 농도 의존성에서부터 유도할 수 있다.

$$\Delta G = \Delta G^\circ + RT\ \ln K \qquad (K\text{: 평형 상수, } R\text{: 기체 상수, } T\text{: 절대 온도})$$

$$\Delta G = -nFE_{\text{cell}}, \qquad \Delta G^\circ = -nFE^\circ_{\text{cell}}$$

이 식을 정리하면 다음과 같은 네른스트 방정식(Nernst equation)을 얻을 수 있고, 전위차에 영향을 주는 이온의 농도를 설명할 수 있다.

$$E_{\text{cell}} = E^\circ_{\text{cell}} - \frac{RT}{nF}\ln K$$

즉, 일반적인 산화-환응 반응

$$\text{Ox} + \text{ne}^- \rightarrow \text{Red} \quad (\text{Ox: 산화된 형태의 화학종, Red: 환원된 형태의 화학종})$$

$$(\text{예: } Fe^{3+} + e \rightarrow Fe^{2+})$$

에 대한 표준 환원 전위를 구할 때, 다음의 식을 이용할 수 있다.

$$E_{\text{cell}} = E^\circ_{\text{cell}} - \frac{RT}{nF}\ln\frac{[Red]}{[Ox]}$$

산화종(Ox)이 환원하기 위해서는 환원 전극과 산화 전극의 전위 차이가 해당 산화종의 표준 환원 전위차 이상이 되어야 한다. 이때 표준 농도 1.0 M이 아닐 경우, 표준 환원 전위에 산화종과 환원종의 몰농도의 비가 전위차를 변화시킨다.

산화종이나 환원종은 이온인 경우가 많은데, 이온의 농도에 따라 용액 안에서 온전히 이온으로 활동할 수 있을지가 결정되므로, 이를 반영하기 위해 몰농도 대신 이온 활동도를 대입한다. 그 관계식은 다음과 같다.

$$a_{\text{ox}} = \gamma[\text{Ox}] \quad (a\text{: 이온 활동도, } \gamma\text{: 이온 활동도 계수})$$

이온 활동도 계수가 1에 가까울수록 용액에 녹은 이온은 모두 이온으로서 제대로 활동할 수 있다고 본다. 보통 수용액에서는 용질은 농도가 0.1 M 이하로 묽은 용액일 때 이온 활동도 계수를 1로 보고, 몰농도를 이온 활동도 대신 사용한다. 더 진한 용액일 경우, 이온 활동도 계수는 1보다 작아지면서 이온 활동도는 몰농도보다 작게 된다.

예제 21 각각 다른 비커에 0.100 M, 3.00 M 농도가 되도록 KCl을 물에 녹였다. KCl은 수용액에서 전해질이기 때문에 100% 이온화하여 0.100 M KCl은 수용액 상에서 0.100 M K^+ 이온과 0.100 M Cl^- 이온이 존재한다고 생각한다. 그렇다면 농도가 더 진한 3.00 M KCl(aq)의 경우 KCl은 어떻게 되겠는가?

1) 이온 활동도

용액 중의 이온들은 열운동에 의해 끊임없이 움직이고 있다. 이온은 전하를 가지고 있으므로 주변에 이온이 있을 때 정전기적 인력과 반발력에 의해 영향을 받게 된다. $a_{ox} = \gamma[Ox]$에서(이온 활동도는 단위가 없다),

- 매우 묽은 용액에서는 $\gamma \rightarrow 1$이다.
- 용액이 진해지면서 $\gamma < 1$이 된다.
- 매우 진한 용액에서는 $\gamma > 1$가 되는 경우도 있다.

이온 활동도에 대한 식을 이어서 알아보자. HA가 물에 녹으면서 이온화하는 반응은 다음과 같다.

$$HA(aq) \rightarrow H^+(aq) + A^-(aq) \qquad K_a = \frac{a_{H^+} a_{A^-}}{a_{HA}}$$

수소 양이온을 가지고 있는 산성 화합물 HA를 물에 녹여서 분자 수준에서 용해된 것을 HA(aq)라고 표시한다. 여기서 HA는 물에 녹아 이온화가 되는데, 어느 정도 이온으로 활동할 수 있는지를 보여주는 수치가 정반응의 평형 상수(equilibrium constant)가 된다. HA 시약이 강산이 아니라면, 어느 정도 이온화가 진행되고 나면 더 이상 이온화가 되지 않아 H^+와 A^- 이온의 이온 활동도가 일정해지고, 이는 정반응이 평형에 도달했다고 볼 수 있다. 더 이상 이온화가 되지 않게 되면, HA, H^+, A^- 이온 활동도의 비는 일정하게 된다.

어떤 반응의 평형(equilibrium)은 반응물과 생성물의 농도 변화가 더 이상 일어나지 않는 지점이고, 여기서는 반응물이 이온이므로 몰농도 대신 이온 활동도를 사용할 수 있다. 즉, 평형일 때는 반응물과 생성물의 이온 활동도(a)의 비가 일정 온도에서 변하지 않는 상수를 갖게 되고, 이것을 평형 상수 K로 나타낼 수 있다. 이온화 과정에서 수소 양이온이 나와서 산성(acid)을 갖게 되면 acid의 줄임 말을 아래 첨자로 하여 K_a로 쓴다.

이온화 반응식과 평형 상수 식에서 a_{ox}는 γ[Ox]이므로,

$$K_a = \frac{a_{H^+}a_{A^-}}{a_{HA}} = \frac{[H^+][A^-]}{[HA]}\frac{\gamma_{H^+}\gamma_{A^-}}{\gamma_{HA}} = K_c\frac{\gamma_{H^+}\gamma_{A^-}}{\gamma_{HA}}$$

위 식에서 농도(concentration)만으로 이루어진 값을 평형 상수 $K_c(=\frac{[H^+][A^-]}{[HA]})$로 쓰기도 한다.

그렇다면 일정 온도에서 약산성 HA를 물에 녹여 수용액을 만들고(K_a와 K_c는 앞의 식 참고), 이 용액에 NaCl을 함께 넣어주면 HA의 K_c 값은 어떻게 될까?

$$HA \rightarrow H^+ + A^- \quad (\text{일정 온도})$$

$$K_a = \frac{a_{H^+}a_{A^-}}{a_{HA}}$$

$$a_{H^+} = \gamma_+[H^+],\ a_{A^-} = \gamma_-[A^-],\ a_{HA} = \gamma[HA]\text{이므로}$$

$$K_a = \frac{[H^+][A^-]}{[HA]}\frac{\gamma_+\gamma_-}{\gamma} = K_c\frac{\gamma_\pm^2}{\gamma}$$

즉 일정 온도에서 K_a는 일정하지만, K_c는 γ에 따라 달라질 수 있다. 만약 수용액에 NaCl을 첨가하면 전해질 자체의 농도는 증가하고, $\gamma_\pm$는 감소하며, γ는 1을 유지한다.

따라서 K_a를 일정하게 유지되려면 K_c가 커져야 한다. 따라서 HA(aq) + NaCl(aq) 용액의 경우 NaCl(aq)가 없는 경우보다 HA의 이온화도가 커진다.

AgCl은 이온 결합 물질이어도 NaCl과는 달리 물에 거의 녹지 않는다. 즉, 물속의 Ag^+ 이온과 Cl^- 이온이 있다면, 이 이온들은 물 분자에 둘러싸여 있으면서(수화, hydration) 섞여 있지 않고, AgCl 침전이 된다. 아주 소량의 Ag^+, Cl^- 이온들만 물속에 존재하게 된다. 따라서 AgCl처럼 물에 잘 녹지 않는 이온 결합 화합물의 경우는 용해되어 이온화되는 정도를 표시하는 평형 상수를 K_{sp}로 사용한다. 여기서 'sp'는 solubility product의 줄임말이다.

$$AgCl(s) \rightarrow Ag^+(aq) + Cl^-(aq) \qquad K_{sp} = [Ag^+][Cl^-] = 1.6 \times 10^{-11} \text{ (at 25 °C)}$$

예제 22 물속에 AgCl이 있고, 극소량의 이온이 녹아 있을 때, 이 수용액에 $NaNO_3$ 염을 첨가하면 AgCl(s)의 용해도는 증가한다. 그 이유를 생각해 보시오.

예제 23 네른스트 식의 몰농도에 이온 활동도를 넣어서 식을 다시 써보고, 표준 전극 전위($E°_{cell}$)에 이온 활동도 계수의 비를 포함한 형식 전위(formal potential)를 구해보시오.

예제 24 다음 환원 반응에서 이온의 농도가 표준 농도가 아닐 때, 각 반응식에서의 전극 전위(E)를 구하는 네른스트 식을 쓰시오.

(a) 구리 전극: $Cu^{2+}(aq) + 2e \rightarrow Cu(s)$

(b) 아연 전극: $Zn^{2+}(aq) + 2e \rightarrow Zn(s)$

(c) Ag/AgCl 전극: $AgCl(s) + e \rightarrow Ag(s) + Cl^{-}(aq)$

(d) 수소 전극: $2H^{+}(aq) + 2e \rightarrow H_2(aq)$ (Pt 촉매)

예제 25 다음 반응식에 따라 25°C에서 진행되는 전기화학 장치가 있다.

$$Ni^{2+}(aq) + Zn(s) \rightarrow Ni(s) + Zn^{2+}(aq)$$

(a) 이 반응이 표준 상태에서 진행되었을 때, 기전력을 구하시오.

(b) $[Ni^{2+}]$ = 3.00 M, $[Zn^{2+}]$ = 0.100 M일 때, 전지의 기전력를 구하시오(유효 숫자 2개).

8 여러 가지 전위차

1) 액간 접촉 전위

이온의 이동은 농도, 전하량, 크기, 녹아 있는 용매의 점도(viscosity) 등에 따라 달라진다. 이온의 이동은 두 용액 경계 사이에서 전위차를 일으킨다. 그림 2.6과 같이 HCl 같은 성분의 용액이 다공성 물질을 사이에 두고 접촉하고 있다고 할 때 수 mV의 전위차가 생기고 이것을 액간 접촉 전위(liquid junction potential)라고 한다.

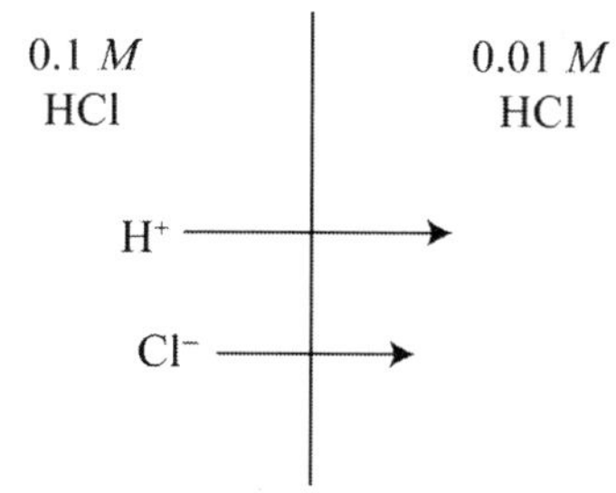

그림 2.7 액간 접촉 전위의 발생

그림 2.6에서 이온의 이동은 농도의 차로 인한 확산(diffusion)에 의하여 일어난다. 여기서 H^+와 Cl^- 이온 중 어느 이온의 이동도가 더 클 것으로 예상하는가? Cl^- 이온이 크므로 H^+ 이온보다는 움직임이 둔할 것으로 예상이 되고, H^+ 이온의 이동도가 더 클 것이다. 예를 들어, 25°C 수용액에서 이온 농도가 매우 낮을 때, H^+ 이온의 이동도는 3.65×10^{-3} cm^2 sec^{-1} V^{-1}이고, Na^+ 이온의 이동도는 5.19×10^{-4} cm^2 sec^{-1} V^{-1} , Cl^- 이온의 이동도는 7.91×10^{-4} cm^2 sec^{-1} V^{-1}이다. 결국 H^+ 이온이 농도가 낮은 오른쪽 (0.01 M)으로 Cl^- 이온보다 더 빨리 이동하면서 H^+ 이온이 Cl^- 이온보다 더 많이 넘어가게 된다. 그렇다면 오른쪽은 +, 왼쪽은 − 전하가 형성되어 수 mV의 전위 차이가 생기게 된다. 확산에 의하여 시작된 이온의 이동으로 인한 전위이므로 확산 전위(diffusion potential)라고 하기도 한다.

9 기준 전극, 작업 전극, 상대 전극

작업 전극(working electrode)은 산화 반응이나 환원 반응 중 실험자가 관심이 있는 반응을 하는 전극을 가리킨다. 작업 전극에서 일어나는 반응이 전기화학적 데이터로 나오게 된다. 작업 전극이 산화 반응을 할 때, 그 반대인 환원 반응을 하는 전극을 상대 전극(counter electrode)이라고 한다(반대가 될 수도 있다). 상대 전극은 작업 전극과의 전자 흐름 회로를 구성하기 위채 맞은편에 둔다. 앞에서 우리는 전위차를 측정할 때, 산화 전극과 환원 전극의 전위차로 측정했는데 작업 전극과 상대 전극의 전위차를 측정하는 2전극 시스템이라고 할 수 있다.

예제 26 2전극 시스템으로 전기화학 반응을 진행하여 데이터를 수집한다고 할 때 생길 수 있는 문제는 무엇인지 생각해 보시오. (전압 = 전류 × 저항의 관계를 참고하시오.)

기준 전극(reference electrode)은 SHE 또는 Ag/AgCl 전극처럼 용액의 농도를 일정하게 하면서 전극 반응의 표준 환원 전위가 변하지 않도록 만든 전극이다. 기준 전극은 3전극 시스템에 사용된다. 전기화학 데이터를 받을 때는 전압이나 전류를 필요에 따라 걸어주고, 그에 따른 전류나 전압 신호를 받는다. 그런데, 작업 전극과 상대 전극 사이에 전류가 흐르게 되면 두 전극 사이에 있는 전해질의 저항 때문에 그 저항에 전압이 일부 쓰이게 된다. 즉 전류가 흐르는 작업 전극과 상대 전극 사이에서 전압을 측정하면 정확한 데이터가 될 수 없다. 따라서 작업 전극과 전류가 흐르지 않고 전압만 측정 또는 인가할 수 있는 기준 전극을 사용해 주어야 한다. 3전극 시스템에서는 기준 전극과 작업 전극 사이에 전압을, 상대 전극과 작업 전극 사이에 전류를 측정 또는 인가한다.

2) 개방 회로 전위차

전류가 흐르지 않고, 전압을 외부에서 걸어주지 않았을 때 전극 간의 전위 차이를 개방 회로 전위차(open circuit potential, OCP)라고 한다. 전극의 표면 상태와 전해질 용액의 성분으로 결정된다. 전류가 흐르지 않는 두 전극을 전해질에 넣고, 두 전극 간의 OCP를 측정하면 반응 전 평형 상태의 전압을 측정할 수 있다. 3전극 시스템에서는 기준 전극과 작업 전극 사이에 전기화학 반응이 일어나기 전 전압을 측정했을 때가 OCP가 된다.

3) 전압 내림(Voltage drop)

그림 2.7은 2전극 시스템(산화 전극, 환원 전극)에서 두 전극 사이로 전류가 흐를 때, 전압이 쓰이는 정도를 나타낸 것이다. 전류가 흐를 때 전압이 걸리는 정도는 저항에 비례한다. 그림 2.7에서 $\Delta\phi$는 전위로, 전자의 이동으로 생기는 전압 내림(voltage drop) 현상이다. 여기서 $\Delta\phi_1$과 $\Delta\phi_3$은 전극 계면에서의 전압 내림으로, 산화-환원종(redox species)의 전기화학 반응에 전압이 쓰이는 경우가 된다. 이때 일어나는 전압 내림을 activation polarization이라 한다.

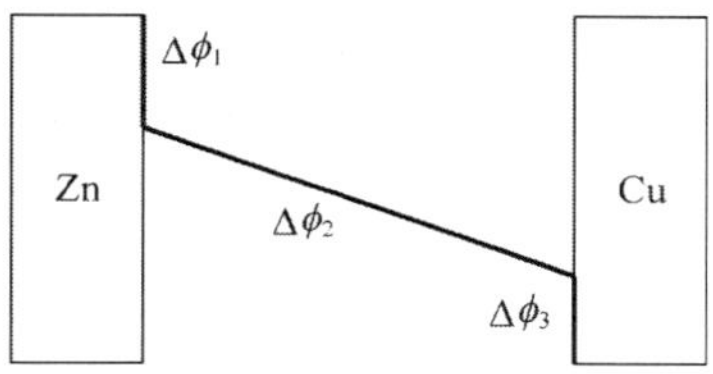

그림 2.8 작업 전극과 상대 전극 사이 전압 내림의 모식도

$\Delta\phi_2$는 두 전극 사이에 흐르는 전류로 인한 전압 내림(ohmic drop)이다. 예를 들어 두 전극 사이에 1 V를 걸었을 때, 0.1 V 정도는 전해질 저항에 의한 전압 강하가 일어나게 된다. 원래 실험자는 1 V가 모두 작업 전극에서 일어나는 산화 또는 환원 반응에 쓰이기를 원했을 것이므로, 작업 전극에서의 전압의 정확한 측정과 인가를 위해 작업 전극 근처에 기준 전극을 설치한다.

전해질 전압 내림이 측정되는 전위에 영향을 주지 않기 위해 2전극 시스템 대신 3전극 시스템(산화 전극, 환원 전극, 기준 전극)을 사용한다. 산화 전극이나 환원 전극 중 실험자가 관심 있는 반응을 하는 전극을 작업 전극으로 한다. 그 작업 전극에서의 전압 데이터는 기준 전극과 연결하여 데이터를 받는다. 전류 측정은 작업 전극과 상대 전극 사이의 데이터로 한다. 이것을 가능하게 하기 위해 전기화학 측정 장치로 전압전류 조절기(potentiostat)를 사용한다.

예제 27 말한 3전극 시스템으로 전기화학 셀을 설치하는 그림을 그리시오.

10 전극 계면과 벌크 부분

전기화학 셀에서 실제 산화-환원 반응이 일어나는 영역은 어디일까? 바로 전극 주변, 전극 계면(interface)이다. 따라서 전극 계면 쪽과 계면에서 먼 쪽, 두 부분으로 나눌 수 있다. 전극 계면에서는 산화-환원 반응이 일어나므로 산화종이나 환원종이 계속 없어지거나 생성된다. 반면 전극 계면에서 먼 쪽에서는 실험자가 처음 용액을 만들 때 만든 농도가 일정하게 유지가 된다. 전해질에 일정 농도의 산화-환원종과 지지 전해질을 녹였을 때, 일정하게 농도가 유지되는 전극에서 먼 쪽을 벌크(bulk)라고 표현한다

전극 계면에서는 무슨 일이 일어나는가? 전극 계면은 전극-전해질이 맞닿아 있는 부분으로 전극이 띠고 있는 전하와 반대 전하를 가진 이온들이 전극-전해질 계면에 층(layer)을 형성한다. 이것을 전기 이중층(electric double layer) 또는 헬름홀츠 층(Helmholtz layer)이라고 하며 nm 수준의 두께를 가지고 있다.

전극에서 가장 가까운 첫 번째 층은 전극의 전하와 전해질 쪽의 반대 전하 이온이 마주 보면서 커패시터를 형성하고 있다. 두 번째 층은 전극과 반대 전하를 가진 이온의 농도가 확산으로 인해 벌크 쪽으로 가면서 변하게 되는데, 이 층을 확산층(diffusion layer)이라고 부른다. 확산층은 전해질 이온의 농도에 따라 달라지는데, 보통 0.01 M 농도 이온이 있을 때 확산층의 두께는 전극으로부터 약 10 nm 정도가 된다.[3]

11 전극 소재

전극 소재는 전기화학 셀의 용도에 따라 달라질 수 있다. 기본적으로는 도체를 사용해야 전자를 주고받는 데 용이하다. 이외에도 전해질 용액과 접촉했을 때 화학 반응을 하지 않는 것이어야 실험자가 보고자 하는 산화-환원 반응만을 볼 수 있다.

03

전해질

보통 화학에서 전해질(electrolyte)은 용액 안에 존재하는 양이온이나 음이온을 가리킨다. 이차 전지에서 전해질은 이온을 포함하면서 양극과 음극 사이에 있는 물질 전체를 가리킨다. 두 전극 사이에 이온의 이동을 위해 들어가는 전해질은 지지 전해질(supporting electrolyte)이라고 부른다. 여기에서는 이차 전지를 구성하는 전해질에 대해 다룰 것이다.

전기화학 셀에서 전해질은 산화 전극과 환원 전극 사이에서 이온을 가지고 있으면서 산화-환원 종을 운반해주는 역할을 한다. 산화-환원 종의 이동 속도가 전기화학 반응에 매우 중요하므로 전해질은 전기화학 셀에서 이온의 종류뿐 아니라 용매의 점도 등의 물리적 특성도 고려해야 한다.

또한 전극과 전해질이 만나서 이루는 계면(interface)에서의 화학 반응이 중요하다. 이차 전지에서는 첫 번째 충방전을 거쳐 전극-전해질 계면에 만들어지는 화학종은 전지의 성능과 수명에 큰 영향을 미치기도 한다. 요즘처럼 전지의 대형화로 인한 안전성 문제가 대두되는 때에 전해질 개발은 그 중요성이 더해지고 있다.

전해질 안의 물질은 기본적으로 산화-환원종의 전기화학 반응이 일어나는 전압이나 전류에서는 산화-환원 반응하지 않아야 한다. 예를 들어, 수용액에서 전해질로 많이 쓰이는 KCl, NaCl, KNO_3, $NaNO_3$, Na_2SO_4 등은 수용액상에서 양이온과 음이온으로 거의 100% 해리가 되고, 대부분의 산화-환원종이 반응을 하는 전류나 전압 범위에서 산화, 환원 반응을 하지 않는, 반응성이 없는 물질이다.

예제 1 다음 전기화학 셀에서 전해질로 0.1 M NaCl이 쓰였다고 할 때,

$$Zn\ (s)\ |\ Zn^{2+}\ (aq,\ 1\ M)\ ||\ Cu^{2+}\ (aq,\ 1\ M)\ |\ Cu\ (s)$$

(a) 이 수용액에서 전해질로 쓰이는 Na^+와 Cl^-의 환원, 산화가 일어나지 않게 하려면 어떻게 해야 하겠는가?

(b) 전해질을 구성하는 용매인 물 분자가 전기화학 셀에서 산화 또는 환원 반응을 하지 않게 하려면 어떻게 해야 하겠는가?

1 전위창

전기화학 셀에서 산화-환원종의 산화-환원 반응 이외에 전해질에 있는 이온이나 용매 성분의 화학 반응이 섞여 나오지 않기 위해서는 셀의 전압과 전류를 조절하는 것이 중요하다. 산화-환원 종의 반응 전압과 전류에서 전극의 안정성과 전해질 성분의 안정성은 필수이다.

전극이나 지지 전해질, 매질이 반응에 참여하지 않고 화학적으로 반응성이 없는 구간의 전압 범위를 전위창(potential window, 퍼텐셜 윈도우)이라고 한다. 전위창을 결정하는 것은 전극의 안정성, 전해질의 조성, 전극과 전해질 및 산화-환원 종의 화학적 적합성(compatibility)이다.

화학적 적합성은 산화-환원종과 전해질 화학성분이 만났을 때 실험 온도와 압력에서 화학 반응이 일어나지 않아야 하며, 반응 후 생성물과의 화학 반응도 주의해야 한다.

전기화학 셀의 전해질을 액체로 사용할 경우 예기치 못한 조건에서 화학 부반응(side effect)이 일어나기도 한다. 리튬 이차 전지의 액체 전해질의 조성을 잘못 골랐을 때, 전극 부반응으로 인해 가스가 발생하는 경우가 많아 셀이 부풀거나 터지는 경우가 있는데, 이때 필요한 것이 화학적 적합성에 따른 전해질 연구이다.

전해질의 주요 기능인 이온의 이동을 보장하면서 전기화학 셀의 안전을 위해 여러 첨가물이 개발되고 있으며, 전해질을 액체보다는 고체 전해질로 하여 부반응을 줄이려고 하고 있다.

전위창의 개념을 다음 전기화학 셀의 예시로 알아보자.

$$\mathrm{Pt} \;/\; \mathrm{H^+},\ \mathrm{Br^-}\ (1\ \mathrm{M}) \;/\; \mathrm{AgBr} \;/\; \mathrm{Ag}$$

$$\mathrm{Br_2(aq)} + 2\mathrm{e} \rightarrow 2\mathrm{Br^-} \qquad E^\circ = +1.09\ \mathrm{V}$$

$$\mathrm{AgBr} + \mathrm{e} \rightarrow \mathrm{Ag} + \mathrm{Br^-} \qquad E^\circ = +0.0711\ \mathrm{V}$$

$$2\mathrm{H^+} + 2\mathrm{e} \rightarrow \mathrm{H_2} \qquad E^\circ = 0.00\ \mathrm{V}$$

표준 상태에서 표준 환원 전위를 확인하고, Ag/AgBr 전극을 기준 전극으로 하여 일어나는 산화 반응과 환원 반응을 생각해보자. 열역학적 기준으로만 보면, Ag/AgBr 기준 전극에 대해 H^+는 환원 반응을 하고 Br^- 이온은 산화 반응을 하게 된다.

표준 환원 전위에 의하면 H^+는 0 V보다 작으면(예: −0.1 V) 환원 반응을 하게 되고, Br^- 이온은 1.09 V보다 크면 산화 반응을 하게 된다. 결국 0 ~ 1.09 V에서는 전류가 흐르지 않는다. HBr을 지지 전해질(supporting electrolyte)로 사용할 경우, 전위창은 열역학 측면만 고려하면 0 ~ 1.09 V가 된다.

이것은 열역학적인 측면만 고려한 것이며, 반응 속도의 측면까지 고려하면 전극으로 Pt 전극이 사용되어야 한다. H^+ 양이온이 환원 반응을 해야 하므로 해당 전자의 전달 속도를 빠르게 가져갈 수 있는 최적의 전극은 Pt 전극이기 때문이다.

예제 2 앞의 전기화학 셀에 대해 다음 질문에 답하시오.

(a) Pt 전극은 수소 양이온 환원 반응 속도를 빠르게 가져갈 수 있는 전극이다. 표준 상태 Pt 전극에서 수소 양이온의 환원은 그대로 0 V에서 일어나겠는가, 아니면 그보다 마이너스 또는 플러스 전위에서 일어나겠는가?

(b) Pt 전극 대신 수소 양이온의 환원 반응 속도가 느린 Hg 전극을 표준 상태에서 사용한다면 수소 양이온의 환원은 0 V에서 그대로 일어나겠는가?

(c) 이 전기화학 셀에서는 Ag/AgBr 전극을 기준 전극으로 하여 산화, 환원 전위를 측정하게 된다. H^+의 환원 전위와 Br^- 이온의 산화 전위를 구하시오.

(d) HBr을 지지 전해질로 사용하고 Pt 전극을 산화와 환원 전극으로 사용할 때(기준 전극 Ag/AgBr), ferry cyanide, $Fe(CN)_6^{3-}$에 대한 환원 반응을 살펴보고자 한다. 이 셀의 전위창은 어떻게 되겠는가?

$$Fe(CN)_6^{3-} + e \rightarrow Fe(CN)_6^{4-} \qquad E = +0.361\ V$$

예제 2에서는 Hg 전극을 수소 양이온에 사용했을 때 열역학적 전위보다 환원 쪽으로 전위를 더 걸어주어야 한다. 이때 더 걸어주어야 하는 전위를 과전위(overpotential)라고 한다. 실제 실험에서는 열역학적 가능성과 함께 전극 반응에서의 산화 환원 속도를 고려해야 한다.

예제 3 다음 그림에 (a) 이온의 이동과 전자의 이동을 그리고, (b) 전해질 안에서는 이온이 이동하고 밖에서는 산화 전극에서 나온 전자가 도선을 타고 환원 전극으로 이동함으로써 하나의 회로가 되고 있음을 설명하시오.

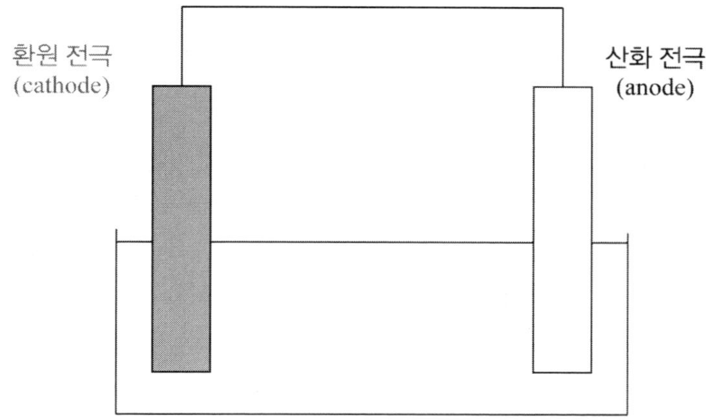

2 이온 전도도

전기화학 셀에서 전해질은 액체, 고체 또는 폴리머 상태로 되어 있다. 전기차의 안전성 확보를 위해 고체 전해질의 개발은 매우 중요하다. 하지만 고체 전해질 개발에서 겪는 하나의 어려움은 상온에서 이온 전도도가 잘 확보되기 어렵기 때문이다.

전해질 안에는 반드시 이온이 존재하고 이온은 산화 전극과 환원 전극 쪽으로 이동하면서 산화-환원 반응에 영향을 주고, 장치의 효율성을 주도한다. 이온의 이동을 수치로 나타낸 것이 이온 전도도(ion conductivity)이고, 단위는 지멘스(siemens)로 S/m 이다. 이는 전기 전도도의 단위이기도 하며, 전기 회로에서 전류(전자의 흐름)가 얼마나 쉽게 흐르는지를 보여준다. 지멘스라는 단위는 독일의 과학자인 와이엔리히 고스타프 폰 지멘스(Hermann von Siemens)의 이름을 따서 만들어졌다. 지멘스의 기호는 'S'이며, 저항(Ω)의 역수이고, 1/Ω 또는 Ω^{-1}로 표시하기도 한다.

전해질에서 이온 전도도에 영향을 주는 변수로는 이온의 농도(concentration), 이온 이동도(mobility), 매질의 결함(defect) 등이 있다. 이온 전도도는 특히 에너지 저장, 변환 장치 전해질 개발 시 성능평가에 주요 변수로 쓰인다. 또한 센서에서도 특정 물질을 감지(sensing)하는 데 이온 전도도를 사용하기도 한다. 전기장이 없을 때는 열운동에 의해 전해질의 이온이 이동하지만, 전기화학 셀에서는 주로 전기장과 농도차에 의한 확산(diffusion)에 의하여 이동하게 된다.

3 이온 이동도

이온 전도도가 전해질의 전도도를 나타내는 척도라면, 이온 이동도(ion mobility)는 전기장이 걸려있는 공간에서 1 V당 이온이 끌고 가는 면적이라고 할 수 있다. 따라서 단위는 $cm^2/V \cdot s$이다. 이온 전도도는 이온 이동도, 면적에 비례하고 길이에 반비례한다. 따라서 이온 전도도를 이해하기 위해 이온 이동도를 알아볼 필요가 있다.

예제 4 이온의 이동도에 영향을 미치는 요소를 2가지만 설명하시오.

전해질 용액 안에서 이온의 이동은 농도차에 의한 확산과 전기장의 걸려있는 영역에서 반대 전하에 의해 이온이 이동하는 migration에 의하여 발생한다.

그림 3.1은 이온이 이동할 수 있는 반투막(semipermeable membrane)을 사이에 두고 같은 농도의 HCl과 NaCl이 있을 때, 왼쪽과 오른쪽에는 H^+ 이온과 Na^+ 이온의 농도 차이가 존재하는 것을 보여준다. 오른쪽에는 H^+ 이온이 없으므로 H^+ 이온은 왼쪽에서 오른쪽으로 확산되고, Na^+ 이온은 오른쪽에서 왼쪽으로 확산 이동을 한다.

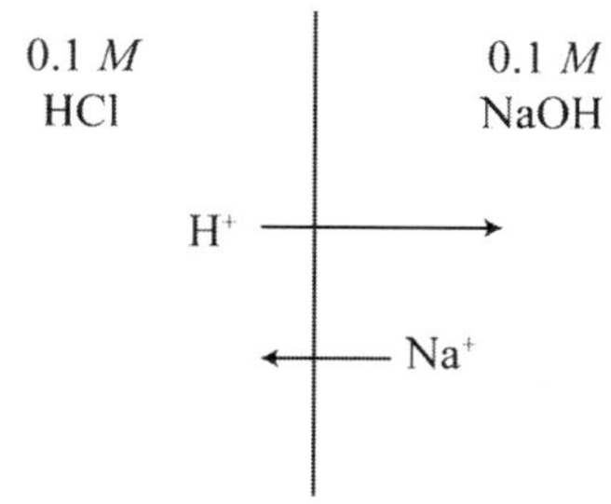

그림 3.1 반투막을 통한 이온의 확산

화살표의 길이는 각 이온의 이동도를 나타낸다. 화살표의 길이가 긴 H^+가 Na^+ 이온보다 더 큰 이온 이동도를 가지고 있다. 양쪽이 같은 농도의 이온을 가지고 있지만, 종류가 다른 양이온이 확산에 의하여 이동하면서 H^+, Na^+ 각각이 다른 이동도를 가지고 있게 된다. 따라서 오른쪽에는 더 많은 양이온이 쌓이게 되고, 왼쪽에는 상대적으로 마이너스 전하를 띠면서 두 용액 사이에는 전위차가 생기게 된다.

이온의 이동도는 1 cm당 1 V 전기장이 걸려있을 때, 이온이 1 sec (초)에 몇 cm를 이동하는지에 관한 것이다. 따라서 단위는 $\frac{\text{cm/sec}}{\text{V/cm}}$이므로 $cm^2 \cdot V^{-1} \cdot sec^{-1}$이 된다. 이온의 이동도는 해당 이온의 점도(viscosity)와 크기에 반비례하고 이온의 전하에 비례한다. H^+ 이온의 이동도는 $3.625 \times 10^{-3}\ cm^2 \cdot V^{-1} \cdot sec^{-1}$이고, Na^+ 이온의 이동도는 $5.193 \times 10^{-3}\ cm^2 \cdot V^{-1} \cdot sec^{-1}$이다.[3]

이온 전도도가 크려면 이온 이동도가 커야 한다. 이온 전도도에 영향을 미치는 요소에는 두 가지가 더 있는데, 해당 이온의 전하량과 농도이다. 이온 전도도는 이온 이동도, 전하량, 농도에 비례하여 커진다.

$$\text{이온 전도도} \propto \text{이온 이동도}(u)$$
$$\text{이온 전도도} \propto \text{전하량}(|Z|)$$
$$\text{이온 전도도} \propto \text{농도}(C)$$

전해질 용액 안에 있는 각 이온의 이온 전도도를 비교하기 위해 H^+, Cl^- 이온이 있는 전해질 용액 안에, 전체 이온의 이동을 1로 보았을 때, 그중 H^+ 이온의 이동과 Cl^- 이온의 이동이 차지하는 수치를 운반율(transference number, t)이라고 한다. 예를 들어 H^+ 이온의 운반율은 0.8이고, Cl^- 이온의 운반율은 0.2이다. 이는 H^+ 이온의 이온 이동도가 Cl^- 이온에 비해 4배 정도 크기 때문이다.

$$t = t(H^+) + t(Cl^-) = 1$$

$$t(H^+) = \frac{|Z|uC(H^+)}{|Z|uC(H^+) + |Z|uC(Cl^-)}$$

HCl 수용액이라면 전하량의 절댓값과 농도가 같으므로, 다음과 같이 간단히 할 수 있다.

$$t(H^+) = \frac{u(H^+)}{u(H^+) + u(Cl^-)}$$

1) 이온의 이동 원인: migration + diffusion

이온의 이동에 영향을 주는 것에는 다음 3가지가 있다. 농도차에 의한 확산(diffusion), 전기장 아래에서 반대 전하에 끌리는 이온의 이동(migration), 용액을 물리적으로 저어줘서 생기는 대류(convection). 보통 전기화학 셀에서 전극을 고정시키고, 전해질 용액도 저어주지 않으므로 이온의 이동에서 대류는 없다. 따라서 전해질 용액의 이온 이동의 원인은 diffusion과 migration으로 볼 수 있다.

전기화학 셀에서 흐르는 전류는 이온의 이동에 의한 전류 흐름인데, 그 이온이 산화-환원종으로 전극에 전자를 전달하거나 받을 수 있는 물질이라면 전류의 최대치(limiting current)는 migration과 diffusion의 합이라고 할 수 있다.

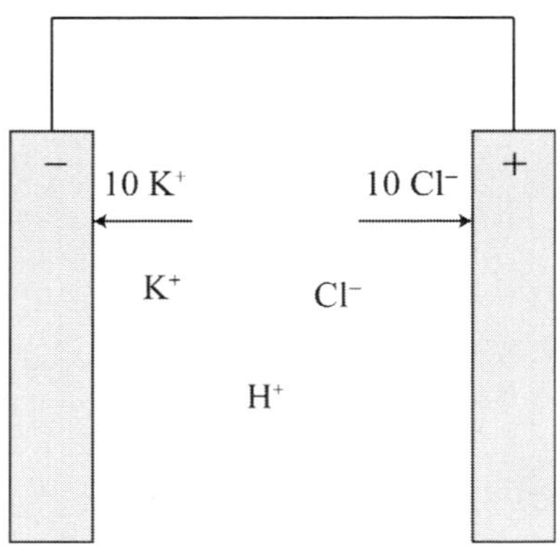

그림 3.2 전기화학 셀에서 이온의 이동 모식도

그림 3.2와 같이 전극에 전압이 걸려있을 때, + 이온과 - 이온 각각 10개씩 전극으로 이동해야 한다고 해보자. 지지 전해질로 K^+, Cl^- 이온을 넣어주고, 작업 전극에서 측정하는 반응은 구리 양이온의 환원 반응이다.

$$Cu^{2+} + 2e \rightarrow Cu$$

환원 전극에서 일어나는 구리 양이온의 환원 반응의 전극 반응 속도가 매우 빨라서, 전극에서 전자를 빠르게 받아서 환원이 된다고 할 때, 환원 전류는 전극 계면 쪽으로 오는 구리 양이온의 농도와 비례하게 된다. 전극 계 면쪽으로 구리 양이온이 이동하는 이유는 diffusion과 migration에 의한 것이다.

$$i(\text{total}) = i(Cu^{2+}\ \text{diffusion}) + i(Cu^{2+}\ \text{migration})$$

따라서 환원 전류를 계산할 때 두 가지 종류의 이동을 모두 고려해야 하는 어려움이 있다. 환원 반응을 해야 하는 구리 양이온의 이동 중 migration에 의한 이동을 제거하려면 환원 반응성이 없는 다른 종류의 양이온이 migration을 담당할 수 있도록 하면 된다. 이것이 K^+ 지지 전해질이 된다.

K^+가 Cu^{2+} 대신 migration의 대부분을 담당하기 위해서는 Cu^{2+}보다 K^+ 이온의 농도를 100배 정도 더 넣어주면 된다. 보통 전기화학 셀에서 산화-환원종은 10^{-4} ~ 10^{-2} M 정도 넣어주는 것이 일반적이므로 지지 전해질은 0.01 ~ 1 M 정도로 넣어준다.

예제 5 **앞의 설명과 같이 구리 양이온의 환원 반응을 보는 전기화학 셀이 있다. 전해질 용액에 다음과 같은 농도로 K^+, Cu^{2+} 이온을 넣어준다고 할 때, 구리 양이온의 환원에 의한 전류의 최대치가 K^+의 농도에 따라 어떻게 변하겠는가?**

(a) $[K^+]$ = 0 mM, $[Cu^{2+}]$ = 1 mM
(b) $[K^+]$ = 0.1 mM, $[Cu^{2+}]$ = 1 mM
(c) $[K^+]$ = 1 mM, $[Cu^{2+}]$ = 1 mM
(d) $[K^+]$ = 10 mM, $[Cu^{2+}]$ = 1 mM
(e) $[K^+]$ = 100 mM, $[Cu^{2+}]$ = 1 mM
(f) $[K^+]$ = 1000 mM, $[Cu^{2+}]$ = 1 mM

예제 6 전해질 안에서의 이온의 이동을 diffusion에 의한 것으로만 해서 전기화학 셀의 시뮬레이션을 위한 수학식을 간단히 해야 한다. convection과 migration에 의한 이온 이동이 작업 전극의 전류측정에 영향을 주지 않기 위한 전기화학 셀의 세팅을 쓰고 그 이유를 생각해보시오.

4 전해질 종류

1) 액체 전해질

전극 사이에서 이온을 이동시키는 매질의 상태가 액체 상태이다. 수용액이나, 유기용매 등을 사용할 수 있다. 액체 전해질을 사용할 때는 전극과 화학 반응을 하는지 확인하는 작업이 필요하다. 고체에 비해 액체는 화학 반응성이 높기 때문인데, 전극 계면에서 액체 전해질이 반응하여 부반응으로 원하지 않는 물질을 형성하게 되고, 전기화학 반응에 영향을 미치면서 전기화학 셀을 불안하게 만들 수 있다. 특히 배터리와 같이 유기용매에서 전기화학 반응을 반복하는 경우(예: 충방전) 초기 전기화학 반응(사이클)에서 전극-전해질 계면에 반응으로 인한 층이 형성되는 경우가 있는데, 어떤 조성으로 계면층이 형성되었는지가 해당 셀의 성능을 결정하는 중요한 요소가 되기도 한다. 따라서 전기화학 셀에서 전극과 전해질을 고를 때, 전극-전해질 계면을 연구하는 것은 매우 중요하다.

두 번째로 액체 전해질 사용 시 고려할 점은 용매가 전기화학적으로 안정해서 넓은 전위창(potential window, 퍼텐셜 윈도우)을 가져야 하는 것이다. 전해질을 구성하는 물질 중 산화-환원종의 전기화학 반응에 방해가 되지 않는지 확인해야 한다.

(1) 용매로 물을 사용할 때

보통 전기화학 셀에서 수용액 전해질을 사용할 때는 물에 녹을 수 있으면서 전위창이 넓은 KCl, KSO_4, NaCl, $NaNO_3$, KNO_3 등을 사용한다. 물속에 녹아 있는 산소 기체도 전기화학 반응이 가능하므로, 때로는 물속에 있는 산소를 제거하기 위해 질소 퍼징(purging)을 해주기도 한다.

(2) 유기용매 사용 시

전해질의 용매로 유기용매를 사용하는 경우도 있는데, 물에 녹지 않는 산화-환원종을 사용하거나 리튬과 같이 물과의 큰 반응성으로 인해 위험할 때 사용한다. 유기용매는 물과는 달리 극성이 약하거나 비극성 용매가 많고, 비교적 점성이 큰 물질도 있다. 용매의 비극성, 극성, 점성은 전해질의 성질에 큰 영향을 준다. 흔히 사용되는 유기용매로는 카보네이트(CO_3^{2-}) 계열(예: 에틸렌 카보네이트(EC), 다이메틸 카보네이트(DMC)), 에터(ether) 계열(예: 다이에틸 에터(Et_2O)), 그리고 나이트릴(nitrile) 계열(예: 아세토나이트릴(ACN)) 등이 있다.

예제 7 전해질에 유기용매 사용 시 유기용매의 극성이 전해질에 성능에 영향을 주는 이유는 무엇인가?

매질에서의 이온의 이동은 농도 차이와 정전기적 인력 및 반발력에 의해 촉발된다. 또한 이온의 이동은 매질의 점도에 영향을 받아 액체상에서의 이온의 이동이 고체상에 비해 수월한 편이다. 리튬 이온 배터리의 경우, 리튬의 반응성 때문에 유기용매를 액체 전해질로 사용하는데, 유기용매의 점도가 높아서 이온의 이동이 수용액에 비해 떨어진다.

유기용매 내에서 전해질은 주로 리튬 염(예: $LiPF_6$, $LiClO_4$) 또는 다른 금속 염으로 구성된다. 이들은 용매에 녹아 이온을 형성하고, 전기화학 반응을 가능하게 한다.

유기용매를 사용할 때는 그 안에 들어있는 수분의 양도 필요 시 고려해야 한다. 물이 실험에 사용되는 산화-환원종의 전기화학 반응에 방해가 될 경우는 무수 유기용매(anhydrous organic solvent)를 사용한다.

(3) 리튬 이온 전지의 액체 전해액

핸드폰이나 자동차 배터리에 쓰이는 리튬 이온 전지의 전해액은 전지의 성능과 안정성에 있어 매우 중요하다. 1990년대 후반 리튬 이온 전지가 상용화될 때 유기 전해액으로 개발되어 상용화되었지만, 액체 전해액이 전지 밖으로 새어 나오거나, 열적 반응에 대한 문제가 제기되어 2000년대 초반 폴리머 소재로 대체 개발되기 시작했다.

리튬 이온 전지의 액체 전해액은 주로 유기용매(solvent), 리튬 염(lithium salt), 첨가제(additives)로 구성되어 있다.

가장 일반적인 용매로는 탄산 에틸렌(ethylene carbonate, EC), 다이메틸 카보네이트(dimethyl carbonate, DMC), 에틸 메틸 카보네이트(ethyl methyl carbonate, EMC) 등이 있다. 또한 사용되는 대표적인 지지 전해질로는 리튬헥사플로로 포스페이트($LiPF_6$)가 있다. 따라서 유기용매 선택 시 이온의 이동을 위한 극성과 점도도 고려하여 선택한다. 또한 리튬염의 농도가 진하고, 용매의 유전 상수가 크며, 점도가 낮을수록 리튬염이 이온쌍을 형성하게 되므로 이 또한 주의해야 한다.

사용되는 유기용매는 리튬염을 용해시키면서, 이온 이동이 가능해야 한다. 또한 전지의 전위창이 넓어 넓은 전위의 작동 범위를 가져야 한다. 보통 리튬 이온 전지에서는 양극, 음극 사이에 3.5~4.0 V의 전압이 사용되므로 해당 전압에서의 전극, 전해질의 안정성이 매우 중요하다. 용매는 전지 전극과의 화학적 반응성이 안정한 것을 선택해야 한다. 용매의 선택은 전지의 전압, 안정성, 전도도, 그리고 저온 및 고온에서의 성능에 큰 영향을 준다.

리튬염은 전해액 내에서 리튬 이온을 제공하는 역할을 하며, 가장 많이 사용되는 리튬염은 리튬 헥사플루오로포스페이트($LiPF_6$)이다. 이 외에도 $LiBF_4$, LiTFSI(리튬 비스(트라이플루오로메탄설포닐)이미드) 등 다양한 리튬염이 사용된다. 리튬염은 전도도, 안정성, 그리고 전지의 전기화학적 특성에 중요한 영향을 준다.

1990년대 상용화된 리튬 이온 전지의 전해질로는 2가지 종류가 혼용된 유기전해액(dimethyl carbonate + ethylene carbonate(EC) 또는 EC + ethyl methyl carbonate 또는 EC+diethyl carbonate)과 리튬염으로 사용되는 lithium hexafluorophophate($LiPF_6$)이 있다.

예제 8 리튬 전지에 쓰이는 전해액과 리튬염의 물리, 화학적 특징들을 찾아보자. 왜 이 물질들이 선택되어 쓰이는가?

첨가제는 전해액에 소량 첨가되어 전지 성능을 개선하거나 안정성을 향상시키는 물질이다. 대표적인 첨가제로는 비닐렌 카보네이트(Vinylene carbonate, VC), FEC (Fluoroethylene carbonate), LiBOB(리튬 비스옥살라토보레이트) 등이 있다.

2) 폴리머 전해질

폴리머 전해질(polymer electrolytes)은 전도성을 가지는 고분자로, 전자기기의 배터리, 연료전지, 전기화학 센서와 같은 다양한 전기화학적 응용 분야에서 중요한 역할을 한다. 이들은 일반적으로 고분자 매트릭스에 이온을 운반할 수 있는 성분이 포함되어 있어, 이온 전도체의 역할을 한다.

이온 전도성이 있는 고분자, 폴리머 전해질은 주로 아래 세 가지 구성 요소로 이루어져 있다.

① 고분자 매트릭스: 폴리머 전해질의 기초를 이루는 고분자 재료로, 이온을 안정적으로 운반할 수 있는 환경을 제공한다. 대표적인 고분자로는 폴리에틸렌 옥사이드(PEO), 폴리프로필렌 옥사이드(PPO) 등이 있다.

② 이온 전도체: 고분자 매트릭스 내에 용해된 염(salt)으로, 보통 리튬염($LiPF_6$, $LiBF_4$ 등)이나 다른 금속염이 사용된다. 이 염들이 이온화되어 고분자 내에서 이동하면서 전도성을 나타낸다.

③ 가소제: 고분자의 유연성을 높이고, 이온 전도도를 향상시키기 위해 사용되며, 고분자 매트릭스 내에서 분자 운동을 촉진시켜 이온의 이동성을 증가시킨다.

폴리머 전해질은 그 상태에 따라 젤 폴리머 전해질과 고체 폴리머 전해질로 분류할 수 있다. 폴리머 전해질은 액체의 유동성을 따라갈 수 없으므로, 이온의 이동에 있어서 불리하다. 리튬 이온 전지에서는 리튬 양이온의 이동이 중요하므로, 폴리머 전해질을 만들 때 리튬염을 폴리머에 용해시켜 리튬 이온이 폴리머 체인을 타고 이동하는 이온 전도체로 제조한다.

폴리머 전해질이지만 이온의 이동 측면에서 유리해지기 위해 폴리머 구조물 안에 액체가 함께 들어있는 구조를 가진 전해질이 젤 폴리머 전해질이다. 이온 전도도가 10^{-4}~10^{-2} S/cm로 높은 편이며, 어떤 용매를 폴리머 전해질에 함께 넣느냐에 따라 이온 전도도와 전해질의 특성이 변할 수 있다. 젤 폴리머 전해질은 고체 폴리머 전해질에 비해 이온 전도도는 높지만 기계적 강도는 약해서 셀 팽창이나 수축에 대한 저항성을 높이는 연구가 진행되고 있다. 세라믹 나노입자와 탄소 물질들을 첨가하여 기계적 강도를 높여주는 시도를 하기도 한다.

PVDF[poly(vinylidene fluoride)], PAN[poly(acrylonitrile)], PMMA[poly(methyl methacrylate)] 등의 폴리머가 젤 폴리머 전해질의 구조물(matrix)로 사용되고 있다. 폴리머의 젤화(gelation)를 위해서 이런 구조물 폴리머에 polyethylene glycol(PEG)이나 유기물 또는 무기물 나노입자를 첨가물로 섞기도 한다. 폴리머 전해질에 무기물을 첨가하여 만든 전해질을 복합 폴리머(composite polymer)라고 하고, 다른 종류의 폴리머를 섞는 방식에 따라 구획이 나누어져 있는 블록 공중합체(block copolymer)나 혼성 고분자(blend polymer)로 만들기도 한다.

고체 폴리머 전해질은 완전히 고체 상태의 전해질로 기계적 강도가 높아 안정성이 뛰어나다. 그러나 이온 전도도가 낮아 상용화의 걸림돌이 되고 있다.

고체 폴리머 전해질의 전도 메커니즘

폴리머 전해질에서 이온 전도는 주로 고분자 사슬의 세그먼트 운동(segmental motion)에 의해 이루어진다. 폴리머 사슬의 유연한 운동은 이온이 고분자 매트릭스 내에서 이동할 수 있도록 하는 통로를 제공하며, 이온은 이 통로를 따라 이동하게 된다. 고분자 사슬이 열에너지로 인해 미세하게 움직이면서 생성되는 공간(배위 사이트)을 통해 이온이 이동한다. 고체 상태임에도 불구하고, 고분자 사슬의 운동성은 특정 온도 이상에서 충분히 발생하여 이온 이동이 가능해진다.

이온 전도도는 주로 온도에 의존하며, 온도가 높아질수록 고분자 사슬의 운동성이 증가하여 이온 전도도가 향상된다. 온도가 증가하면 고분자 사슬의 운동성이 증가하고, 이에 따라 이온 전도도도 향상된다. 그러나 온도가 너무 높아지면 고분자 매트릭스의 결정성이 감소하여 이온 전도도가 다시 감소할 수 있다.

일반적인 폴리머 전해질로는 폴리에틸렌 옥사이드(polyethylene oxide, PEO)가 많이 사용되는데(그림 3.3) PEO에 전기 음성도가 큰 산소 원자가 있어서, 금속 양이온과의 결합이 쉽다.

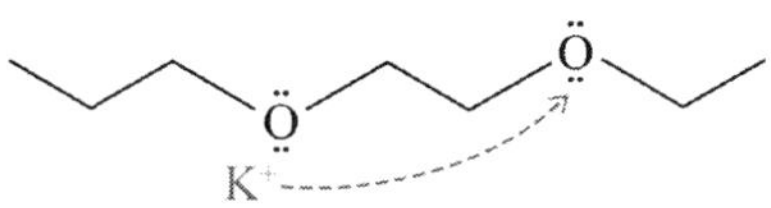

그림 3.3 PEO 폴리머 전해질에서 금속 양이온(K^+)의 이동 모식도

3) 고체 전해질

고체 전해질(solid electrolyte)을 가진 배터리를 전고체 배터리라고 하는데, 전해질의 구조물이 고체 상태이므로, 액체 전해질에 비해 안전성이 우수하다. 또한 전지를 얇게 만들어 박막화를 함에 있어 유리하다. 고체 전해질을 구성하는 물질에 따라서 고체 폴리머 전해질, 무기 고체 전해질, 복합 고체 전해질로 나뉠 수 있다.

무기 고체 전해질은 세라믹 기반 재료로 구성되며, 대표적으로 설파이드(sulfide), 산화물(oxide), 인산염(phosphate) 계열이 있다. 무기 고체 전해질은 높은 이온 전도도와 열적 안정성을 가지지만, 기계적 유연성이 부족하고 제조 공정이 까다롭다.

복합 고체 전해질(composite solid electrolytes)은 무기 고체 전해질과 고체 폴리머 전해질을 혼합한 형태로, 두 재료의 장점을 결합하여 기계적 강도, 전기화학적 안정성, 이온 전도도를 동시에 개선하려는 시도가 이루어지고 있다.

(1) 고체 전해질의 이온 전도 메커니즘

고체 전해질에서 이온의 이동은 주로 결정 격자 내의 빈 자리(vacancy)나 결함(site defect)을 통해 이루어진다. 이온은 이러한 빈자리를 따라 이동하면서 전도성을 가지게 되는데, 예를 들어 산화물 기반 고체 전해질에서는 리튬 이온이 결정 격자의 빈자리를 따라 이동하게 된다.

온도는 이온 전도도에 큰 영향을 미치며, 온도가 증가할수록 격자의 진동이 활발해져 이온 이동이 쉬워진다. 그러나 너무 높은 온도는 고체 전해질의 구조적 변형을 초래할 수 있다.

예제 9 고체 전해질의 장점과 단점에는 무엇이 있을지 쓰시오.

4) 전고체 배터리를 이용한 전기차

고체 전해질을 활용한 전고체 배터리(all-solid-state battery, ASSB)는 전기차 산업에서 혁신적인 기술로 주목받고 있다. 전고체 배터리는 고체 전해질을 사용하여 기존 리튬 이온 배터리의 액체 전해질에서 발생할 수 있는 안전성 문제를 해결을 기대하고 있다.

(1) 전고체 배터리의 장점

전고체 배터리의 장점으로는 안전성, 높은 에너지 밀도, 긴 수명을 들 수 있다.

안전성: 고체 전해질을 사용함으로써 리튬 이온 배터리에서 문제가 되는 폭발, 화재 위험을 최소화할 수 있다. 이는 특히 전기차와 같은 대형 배터리 시스템에서 중요한 이점이다.

높은 에너지 밀도: 전고체 배터리는 리튬 금속을 음극으로 사용하여 이론적으로 더 높은 에너지 밀도를 달성할 수 있다. 이는 전기차의 주행 거리를 늘리고, 충전 주기를 줄이는 데 기여한다.

긴 수명: 고체 전해질은 화학적, 전기적 열화에 강해, 배터리의 사이클 수명이 길어지는데, 이는 전기차의 배터리 교체 주기를 줄여준다.

(2) 전고체 배터리 상용화의 도전 과제

이와 같은 장점에도 아직 전고체 배터리가 사용화되기 위해서는 여러 문제를 극복해야 한다. 먼저, 전고체 배터리의 상온 이온 전도도는 여전히 개선이 필요하다. 이온 전도도가 낮으면 배터리의 출력과 충전 속도에 부정적인 영향을 미친다. 두 번째로는 제조 공정의 복잡성을 들 수 있다. 고체 전해질의 제조에는 고온 소결 공정 등이 요구되며, 이는 비용 증가의 원인이 된다. 또한, 전극과 고체 전해질 간의 완벽한 접합을 구현하는 것도 기술적인 도전 과제이다. 마지막으로 고체 전해질이다 보니 고체 전극과 맞닿아 있는 부분이 고체-고체로 그 계면의 접합성과 전자 전달이 이슈가 된다. 전극과 고체 전해질 계면(interface, 인터페이스)에서 발생하는 저항과 계면 반응은 성능 저하와 수명 단축의 주요 원인이 되는데, 이를 해결하기 위한 다양한 연구가 진행 중이다.

(3) 고체 전해질 전기차 사용화의 최신 동향

고체 전해질 기반의 전고체 배터리 기술은 아직 상용화 초기 단계에 있으며, 여러 자동차 제조사와 배터리 업체가 적극적으로 연구 개발을 진행 중이다. 제조사별 동향은 다음과 같다.

도요타(Toyota): 도요타는 전고체 배터리 개발의 선두주자 중 하나로, 2025년경에 전고체 배터리를 탑재한 전기차를 출시할 계획이다. 도요타는 기존 리튬 이온 배터리에 비해 전고체 배터리의 주행 거리가 약 30% 증가할 것으로 예상하고 있다.

폭스바겐(Volkswagen): 폭스바겐은 퀀텀스케이프(QuantumScape)와 협력하여 전고체 배터리를 개발 중인데, 이 배터리는 2024년부터 시제품이 제작될 예정이며, 2026년까지 상용화가 목표이다.

현대자동차: 현대차는 자회사인 현대모비스와 함께 전고체 배터리 개발에 투자하고 있으며, 이 기술을 적용한 전기차의 상용화를 목표로 하고 있다.

다른 연구 및 투자 동향: 파나소닉, 삼성 SDI, LG 에너지 솔루션과 같은 주요 배터리 제조사들도 전고체 배터리 기술 개발에 막대한 투자를 하고 있으며, 다양한 스타트업들도 이 분야에 뛰어들고 있다.

고체 전해질 기반의 전고체 배터리는 전기차 산업에서 큰 변화를 일으킬 잠재력을 가지고 있다. 현재 연구와 개발이 활발히 진행 중이며, 상용화 초기 단계에 접어들었다. 그러나 기술적 과제들이 남아 있는 상황이며, 이를 극복하기 위한 지속적인 연구가 필요하다.

04

전극의 열역학과 반응 속도

1 활성화 에너지와 깁스 자유 에너지
2 산화 반응과 환원 반응의 깁스 자유 에너지 그래프의 기울기
3 교환 전류
4 전류 vs. 교환 전류 vs. 과전위

화학 반응을 이해하기 위해서는 그 반응이 일어날 가능성이 있는지(열역학적 측면)와 반응이 얼마나 빨리 일어나는지(반응 속도 측면)의 두 가지를 모두 고려해야 한다. 전기화학 반응도 산화-환원의 화학 반응으로 열역학과 반응 속도를 이해하고 있어야 실험에서 나오는 결과를 정확하게 해석해 낼 수 있다.

특히 전기화학은 고체 전극과 전해질(액체 또는 고체)의 두 가지 다른 상(phase)에서 일어나는 산화-환원종의 전자 전달 반응이므로 불균일 반응(heterogenous reaction)이다. 일단은 고체 전극과 전해질이 맞닿았을 때, 그리고 전류나 전압을 가해주었을 때 두 물질 간 화학 반응이 있는지를 확인해봐야 한다. 전기화학 셀을 이차 전지 등 산업에 응용할 때 성능이나 안정성 등의 이유로 셀에 들어가는 화학 물질이 다양해지는데, 그럴수록 화학 반응이 부반응으로 일어나는지도 확인해야 한다. 이 단원에서는 그런 부반응이 없는 간단한 셀에서 전극-전해질 계면에서의 산화-환원종의 전자 전달 속도나 전압, 전류 가해주었을 때 반응의 가능성에 관해 다뤄본다.

1 활성화 에너지와 깁스 자유 에너지

다음과 같은 화학 반응에서 반응의 가능성을 어떻게 생각할 수 있을까?

$$A \rightarrow B$$

그림 4.1은 반응이 진행되어 생성물(B)이 생길 때 에너지의 변화를 나타낸다. 반응물 A와 생성물 B가 가지고 있는 퍼텐셜 에너지가 있는데, 반응 시작점에서는 반응물의 에너지만 나타나고 있다가, 반응이 진행되면서 생성물의 에너지로 변화된다. 이때 생성물로 반응이 가기 위해서는 활성화 에너지(activiation energy)가 필요하다.

활성화 에너지는 반응물이 생성물로 가기 위한 최소한의 에너지가 되고 활성화 에너지 크기는 반응 속도에 영향을 미친다.

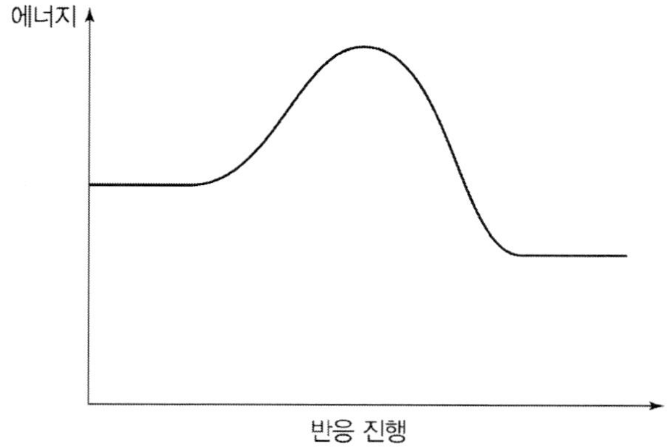

그림 4.1 반응 진행에 따른 퍼텐셜 에너지 변화

그림 4.1과 같은 반응 좌표(reaction coordinates)는 반응이 진행되는 동안 반응물에서 생성물로의 전환 경로를 나타내는 가상의 그래프이다. 이는 실제 물리적 의미를 가지기보다는 반응의 진행 정도를 나타내는 추상적인 개념이다.

반응 좌표 그래프에서 최고점은 반응이 반응물에서 생성물로 전환되는 경로에서 가장 불안정한 상태, 즉 전이 상태(transition state)를 나타낸다. 전이 상태로 도달하는 데 필요한 에너지를 활성화 에너지라 하며, 이는 반응이 진행되기 위해 극복해야 하는 에너지 장벽이다.

예제 1 반응물과 생성물이 가지는 내부 에너지에 대해 자세히 설명하고 그림 4.1에서 정반응과 역반응 시의 활성화 에너지를 표시하시오.

화학 반응의 가능성에서 중요한 기준은 깁스 자유 에너지(Gibbs free energy)이다. 다음 단원자 분자의 산화-환원 가역 반응을 통해 깁스 자유 에너지가 어떻게 변하는지 살펴보자.

$$Fe^{3+} + e \leftrightarrow Fe^{2+}$$

여기서 Fe^{3+}는 산화종(oxidant species)이고, Fe^{2+}는 환원종(reductant species)이다.

이 반응에서 반응물(Fe^{3+})의 깁스 자유 에너지의 상태를 반응 좌표로 표시하면 그림 4.2와 같다. 반응물의 깁스 자유 에너지는 일정하게 있지 않고 변하고 있다.

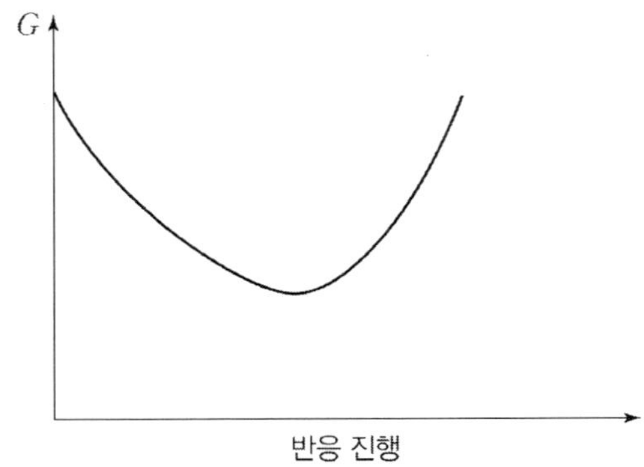

그림 4.2 철 단원자 이온의 산화-환원 반응 진행에 따른 깁스 자유 에너지 변화

예제 2 반응물의 깁스 자유 에너지가 일정하지 않고 변하는 이유가 무엇인가? 그래프에서 G의 최솟값을 갖는 위치는 무엇을 의미하는가?

그림 4.2에서 반응물의 자유 에너지는 주변 환경에 따라 조금씩 변하며, 자유 에너지가 최소일 때 반응물이 열역학적으로 가장 안정하다.

반응물과 생성물의 자유 에너지 변화를 모두 그려보면 어떤 형태가 될까? 반응물과 생성물 자체가 가지는 자유 에너지 변화가 있으며, 반응물에서 생성물로 넘어올 때 존재하는 활성화 에너지까지 고려한 그래프를 그림 4.3에 나타내었다.

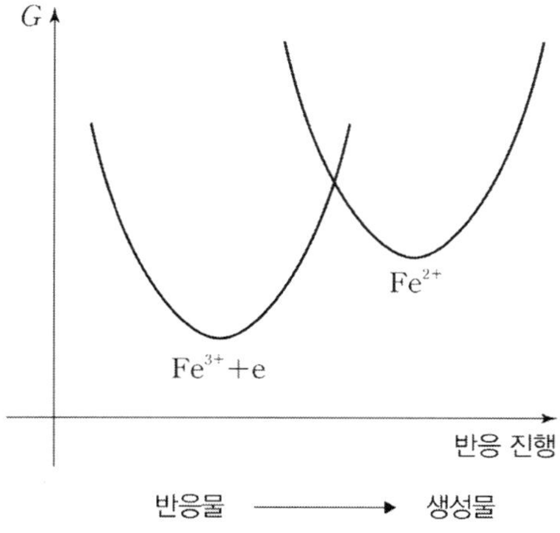

그림 4.3 반응 진행에 따른 자유 에너지 변화

반응이 정반응으로 반응이 진행되려면 깁스 자유 에너지(ΔG)가 0보다 작아야 한다. 그림 4.3에서 정반응이 진행될 때 깁스 자유 에너지 변화는 어떻게 될까? 각 화학종이 가지고 있는 자유 에너지(G)의 차이로 알아볼 수 있다. 정반응의 경우 자유 에너지 크기 비교는 $G(Fe^{2+}) > G(Fe^{3+})$이다. 그러므로,

$$\Delta G = G(Fe^{2+}) - G(Fe^{3+}) > 0$$

자유 에너지 차이(ΔG)가 0보다 크므로, 이 반응은 자발적으로 일어날 수 없는 반응이다. 즉, 해당 조건에서 Fe^{3+}의 환원을 위해서는 건전지가 필요하다.

역반응($Fe^{3+} + e \rightarrow Fe^{2+}$)의 ΔG의 부호는 어떤지 살펴보자. 역반응의 자유 에너지 변화는 아래와 같다.

$$\Delta G = G(Fe^{3+}) - G(Fe^{2+}) < 0$$

Fe^{2+}의 자유 에너지가 Fe^{3+}보다 작으므로, 역반응의 ΔG는 마이너스 부호를 가지고 자발적 반응이라고 할 수 있다. 즉, 이 반응에서는 산화 반응이 자발적으로 진행된다. 역반응에서도 반응이 가려면 에너지 장벽을 넘어야 하고 이것이 활성화 에너지(activation energy, E_a)가 된다. 한편, 환원 반응은 비자발적이므로 진행시키려면 외부에서 에너지를 넣어주어야 한다.

예제 3 그림 4.3을 다시 그리고, 다음 질문에 따라 표시하시오.

(a) 정반응과 역반응의 활성화 에너지를 $\Delta G_f^{\ddagger}$, $\Delta G_b^{\ddagger}$를 사용하여 그림에 표시하시오.

(b) 역반응의 자유 에너지 변화(ΔG_b)은 어느 부분이 될지 표시하시오.

(c) 일정 온도에서 그래프의 정반응과 역반응의 반응 속도를 비교하시오.

1) 반응 속도

화학 반응이 일어날 가능성이 있다면, 그다음 고려해야 할 것은 내가 원하는 양만큼 생성물을 얻기 위해 기다려야 하는 시간이다. 1초에 얼마나 많은 생성물을 얻을 수 있으며, 이는 어떻게 표시할 수 있을까? 반응 속도의 단위는 M/sec로 1초당 얻을 수 있는 생성물의 몰농도, 또는 1초당 반응하고 없어지는 반응물의 몰농도로 나타낸다.

예제 4 A → B의 화학 반응에서 초당 생성물이 만들어지는 몰농도 [B]와 반응물이 없어지는 몰농도 [A] 사이에 어떤 관계식이 성립할지 쓰시오.

화학 반응(A → B)에서, 반응 속도(v)는 반응 직전 남아있는 반응물의 몰농도에 비례한다.

$$v \propto [A]_{\text{반응 직전}}, \qquad v = k \cdot [A]^m \quad (m = 1,\ 2,\ 3\ \cdots.\ \text{양의 정수, 반응 차수})$$

반응 속도와 [A]가 비례할 때 식을 만들기 위해 비례 상수 *k*(반응 속도 상수)가 사용된다. 이때 반응 속도가 [A] 농도의 몇 제곱에 비례하는지는 실험으로 정해지는데 이것을 반응 차수(reaction order)라고 한다.

만일 산화종(O)가 환원종(R)이 되는 환원 반응(O + e → R)에서 반응 차수가 1차라면 반응 속도는 다음과 같이 쓸 수 있다.

$$\text{속도}(v) = \frac{d[R]}{dt} = -\frac{d[O]}{dt} = k \cdot [O]$$

반응 속도 상수(k)의 단위는 반응의 차수에 따라 다르다. 예를 들어, 1차 반응의 경우 단위는 s^{-1}이고, 2차 반응의 경우 $M^{-1} \cdot s^{-1}$가 된다.

전기화학 셀에서의 반응 속도는 무엇과 연관되는가? 다음과 같은 전기화학 반응에서는 일반적인 화학 반으과 달리 2개의 단계가 필요하다.

$$O + e \rightarrow R$$

첫 번째는 전자가 환원 전극으로부터 산화종(O)에게 전달되는 단계이며, 두 번째는 전자가 산화종과 반응하여 환원종(R)이 되는 단계이다. 즉 전기화학에서 반응 속도를 이야기할 때는 전극-전해질 계면에서의 전자 전달 반응 속도를 하나 더 고려해야 한다. 두 개의 단계 중 속도 결정 단계는 더 느린 반응 속도를 가진 단계가 될 것이다.

만일 전극-전해질 계면에서의 전자 전달 반응 속도가 충분히 빠르다고 할 때 전체 반응 속도를 결정짓는 단계는 산화종이 전자를 받는 환원 반응 단계가 된다. 열역학적으로 위의 반응이 가능하다고 할 때 전류가 흐를 가능성이 있다고 하고, 반응 속도가 빠르다고 할 때 산화종이 전자와 반응을 빠르게 하는 것이므로 전류의 크기가 커진다고 할 수 있다.

O + e → R 반응에서 산화종(O)이 없어지는 속도 또는 환원종(R)이 생기는 속도가 환원 전류와 비례한다.

$$\text{환원 전류} = \text{정반응 속도}(v) \propto \frac{d[R]}{dt} = -\frac{d[O]}{dt} = k_c[O] = k_c C_o(0,\ t)$$

여기서 주의할 점은 산화종의 농도가 벌크 농도가 아니라 전극-전해질 계면에 있는 산화종의 농도(C_o)라는 것이다. 산화종의 농도는 전극으로부터의 거리(x)와 시간(t)에 따른 함수가 된다.

전류는 환원종이 생기는 몰수(N_R)에 비례하므로, 전기화학 셀에 흐르는 전하량은 다음과 같다.

$$Q = nF \cdot N_e = nF \cdot N_R$$

전기화학 셀의 부피는 변하지 않으므로, 환원종이 생기는 속도는 환원종이 생기는 몰수(N_R)와 같다. 그리고 전류는 시간에 따른 전하량(Q, coulombs) 변화이고 환원종이 생기는 만큼 전류가 흐르게 되므로 전류는 환원종이 생기는 속도에 전자의 소모되는 전하량(전자 몰수 × 패러데이 상수 = nF)을 곱해주면 된다.

$$i(\text{amperes}) = \frac{dQ}{dt} = nF \cdot \frac{N_R}{dt} = nF \cdot \frac{d[R]}{dt}$$

따라서 반응 속도는 아래와 같이 정리되고 전류는 반응 속도로 정리할 수 있다.

$$\frac{N_R}{dt} = \frac{i}{nF}$$

2) 반응 속도 상수와 아레니우스 식

화학 반응의 반응 속도는 반응물의 몰농도에 따라 달라지지만, 해당 화학 반응의 반응 속도 상수(k)는 화학 반응 종류에 따라 고유한 값을 갖게 된다. 따라서 화학 반응 속도를 직관적으로 보기 위해서는 반응 속도 상수를 비교한다. 반응 속도 상수는 특정 반응이 주어진 온도에서 얼마나 빠르게 진행되는지를 정량적으로 나타낸다.

반응 속도 상수는 화학 반응이 얼마나 빠르게 진행되는지를 예측하고 조절하는 데 중요한 역할을 한다. 반응 메커니즘을 이해하고 반응 조건을 최적화하는 데 필수적인 개념이다.

예를 들어 산염기 중화 반응의 반응 속도는 매우 빠르며 반응 속도 상수도 크다.

$$H^+ + OH^- \rightarrow H_2O \qquad k = 1.4 \times 10^{11}\ M^{-1} \cdot s^{-1}$$

전기화학 수소 발생 반응은 백금 전극에서 아래와 같은 반응 속도 상수를 갖는다.

$$2H^+ + 2e \rightarrow H_2 \text{ (Pt)} \qquad k = 10^{-3} \sim 10^{-2} \text{ cm/s}$$

백금 전극에서 수소 발생 반응은 빠른 편이지만 다른 금속에서는 매우 느려 반응 속도 상수도 매우 작다.

전기화학 반응에서의 반응 속도 상수(rate constant)는 일반적인 화학 반응과 달리 cm/s 단위를 갖는다. 그 이유는 전기화학 반응 속도식에서 쉽게 찾을 수 있다. 반응 속도 상수의 단위는 속도식에 따라 달라지기 때문이다.

$$\text{O} + \text{e} \underset{k_a}{\overset{k_c}{\rightleftarrows}} \text{R}$$

여기서 산화종이 환원할 때는 속도 상수 k_c가, 환원종이 산화할 때는 속도 상수 k_a가 쓰인다. 환원 반응의 속도는 전극 근처에 있는 산화종의 농도에 비례하므로 식은 다음과 같다.

$$\text{환원 속도} = k_c C_\text{O}(0,\ t) = \frac{i_c}{nFA} \ (A\text{는 전극 면적, cm}^2)$$

$$\text{산화 속도} = k_a C_\text{R}(0,\ t) = \frac{i_a}{nFA}$$

전극과 전해질 사이의 전자 전달과 같은 불균일 반응(heterogenous reaction)에서는 전극 면적당 흐르는 전류가 중요하므로 환원 속도에서는 전극 면적으로 전류를 나누어 주어 전류 밀도로 표현해 주었다. 보통 화학 반응식의 반응 속도 단위는 M/s이지만 전기화학 셀에서는 부피의 변화가 없다는 가정하에 mol/s로 쓰게 되고, 불균일 반응으로 전극의 면적당 반응 속도가 들어가므로, 단위는 $\text{mol}\cdot\text{s}^{-1}\cdot\text{cm}^{-2}$이 된다.

한편 이 반응에서 환원 속도와 산화 속도가 같으면 전기화학 셀에 흐르는 전류의 값은 어떻게 될까? 정반응과 역반응의 속도가 같다는 것은 반응물과 생성물의 농도가 변하지 않고 일정하다는 것이므로 평형 상태가 된다. 이 경우 전기화학 셀에서 흐르는 전류는 0이 된다. 따라서 전기화학 셀에서 흐르는 전류는 환원 속도에서 산화 속도를 뺀 값과 관련이 있다.

$$V_{net} = v_c - v_a = k_c C_O(0,\ t) - k_a C_R(0,\ t)$$

예제 5 위 식의 오른쪽 항에서 반응 속도 단위를 $mol \cdot s^{-1} \cdot cm^{-2}$로 얻고자 한다. 반응 속도 상수 k의 단위를 어떻게 결정할 수 있는가? 단, 몰농도(C)의 단위는 mol/cm^3로 둔다.

겉보기 전류값은 환원 전류에서 산화 전류를 뺀 값이 된다.

$$i = i_c - i_a = nFA\ [k_c C_O(0,\ t) - k_a C_R(0,\ t)]$$

여기서 반응 속도 상수에 영향을 주는 요소는 어떤 것이 있을까? 반응 속도 상수는 화학 반응의 종류에 따라 달라진다. 즉 어떤 물질의 반응인지에 따라 달라지는데, 물질에 따라 에너지 변화가 다르기 때문이다. 그러면 앞에서 언급했던 반응물, 생성물의 에너지 그래프를 생각해보자. 반응이 진행되기 위해 넘어야 하는 에너지 장벽으로 활성화 에너지가 있다. 활성화 에너지가 클수록 반응 속도는 느리다. 또한 반응 온도가 높을수록, 반응물 간 충돌을 많이 할수록 반응 속도는 빨라진다.

이와 같이 반응 속도 상수에 영향을 미치는 인자(factor)를 실험을 이용하여 식으로 나타낸 것이 아레니우스 식(Arrhenius equation)이다.

$$\ln k = \ln A - \frac{E_a}{RT}$$

(R: 기체 상수, E_a: 활성화 에너지, T: 반응 온도, A: 반응물 간 충돌 계수)

이 식에서 k는 반응 속도 상수로, 다음과 같이 정리될 수 있다.

$$k = A \cdot e^{-\Delta G^{\ddagger}/RT}$$

반응 속도 상수는 온도(T)와 분자간 충돌을 얼마나 하는지(상수 A), 그리고 반응이 넘어갈 때 활성화 에너지 크기($-\Delta G^{\ddagger}$)의 함수가 된다.

화학 반응 물질이 정해졌을 때, 아레니우스 식에서 변하지 않는 상수는 어떤 것인가? 기체 상수(R), 활성화 에너지(E_a), 반응물간 충돌 계수(A)는 반응 물질이 정해졌으므로 변하지 않는다. 온도가 변할 때의 반응 속도 상수값을 실험적으로 알 수 있다면 아레니우스 식을 이용해서 활성화 에너지를 구할 수 있다.

온도에 따라 반응 속도 상수(k)는 변하게 되므로, 아레니우스 식에서 $\ln k$를 y축으로, $1/T$를 x축으로 놓고 그래프를 그려보면 직선 모양이 나오고, 직선 그래프의 기울기가 $-\frac{E_a}{R}$이 된다. 기울기를 구할 수 있으므로 해당 반응의 활성화 에너지를 구할 수 있다.

전기화학 반응에서 정반응과 역반응이 가능하고 반응 속도 상수가 큰 경우를 가역 반응(reversible reaction)이라고 한다. 비가역 반응(irreversible reaction)은 반응 속도 상수가 작아서 반응 속도가 느린 경우를 가리킨다. 가역 반응과 비가역 반응은 전기화학적 신호를 보면 구분할 수 있다.

앞에서 언급했듯이 전기화학 반응의 속도에 영향을 미치는 것은 전극-전해질 계면에서의 전자 전달과 물질의 산화-환원 반응에서의 반응 속도인데, 위에서 언급한 것은 물질의 산화-환원 반응에서의 반응 속도를 이야기 한 것이다.

3) 전기화학 반응에서의 활성화 에너지

전기화학 반응에서 실험자가 원하는 반응의 활성화 에너지가 높으면 상온에서 반응이 일어나지 않는다. 원하는 반응을 관찰하기 위해서는 반응 속도를 높이면 되고 이를 위해 활성화 에너지를 낮춰주면 된다. 전기화학에서 활성화 에너지를 낮추기 위한 방안으로는 무엇이 있을까? 전기화학 반응을 진행하다 보면 전기화학 셀에 필요한 전압이나 전류를 걸어주게 된다. 이때 어떻게 활성화 에너지가 낮아지는 것일까?

그림 4.4에서 반응물의 자유 에너지가 낮은 상태(반응물 그래프에서 아래쪽)에 있을 때는 활성화 에너지가 크다. 이것은 전기적 에너지를 넣기 전 비전기적 부분만으로 이루어진 자유 에너지가 된다. 여기에 전압이나 전류를 걸어주면 반응물의 자유 에너지를 높일 수 있고(반응물 그래프의 위쪽) 활성화 에너지를 작게 할 수 있다. 활성화 에너지가 작아지면 반응 속도가 빨라지게 되어 반응을 관찰할 수 있게 된다.

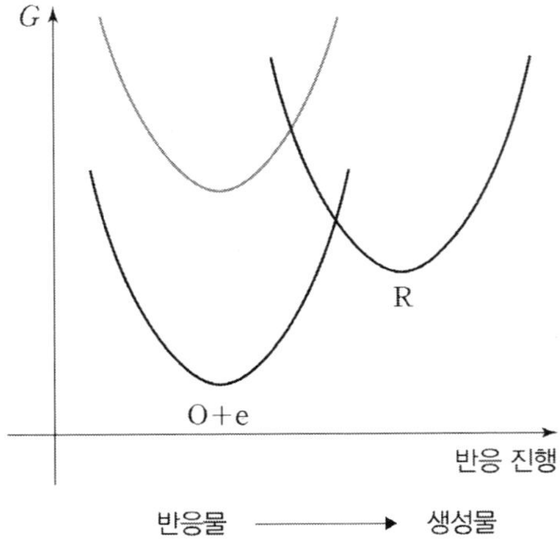

그림 4.4 전압이나 전류를 걸어줄 때 산화-환원 반응의 활성화 에너지 변화

예제 6 그림 4.4를 다시 그리고, 다음을 표시하시오.

(a) 전압이나 전류 인가 후 변하는 반응물의 자유 에너지 그래프에서 정반응과 역반응의 활성화 에너지($\Delta G_f^{\ddagger}$, $\Delta G_b^{\ddagger}$)를 표시하시오.

(b) 역반응의 자유 에너지 변화(ΔG_b)은 어느 부분이 될지 표시하시오.

(c) 정반응에서 깁스 자유 에너지가 가장 높은 전이 상태는 어느 부분인지 표시하시오. 전이 상태에서는 물질이 매우 불안정해 존재하는 시간이 매우 짧다.

2 산화 반응과 환원 반응의 깁스 자유 에너지 그래프의 기울기

화학 반응의 반응 속도는 활성화 에너지와 관련이 있고, 반응의 종류가 활성화 에너지를 결정한다. 또한 에너지 그래프에서 산화종(O)의 깁스 자유 에너지 곡선과 환원종(R)의 깁스 자유 에너지 곡선의 기울기가 외부에서 전압이나 전류를 걸어주어 활성화 에너지를 변화시켰을 때, 어느 정도의 활성화 에너지를 변화시켰느냐도 중요한 변수가 된다.

예제 7 그림 4.4의 반응이 평형 상태에 도달하려면 반응물의 자유 에너지 그래프를 어떻게 하면 되겠는가?

(a) 평형 상태에서의 그래프로 다시 그리고 그 이유를 쓰시오.

(b) 산화 반응, 환원 반응 각각의 활성화 에너지를 표시하시오.

평형 상태일 때는 정반응과 역반응의 속도가 같다. 온도가 일정하고 농도가 같다고 할 때 속도가 같으려면 산화 반응, 환원 반응의 각 반응 속도 상수가 같아야 한다(k_a = k_c). 이때의 속도 상수를 표준 속도 상수(standard rate constant, k^0)라고 하자. 이 상태에서 환원 반응이 일어나게 하기 위해 전압이나 전류를 넣어주면 그래프는 그림 4.5와 같이 된다.

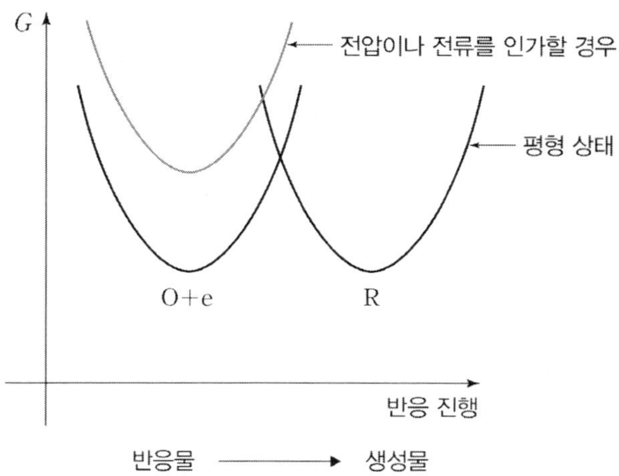

그림 4.5 평형에서 전압이나 전류를 가했을 때 깁스 자유 에너지 변화

전기적인 자유 에너지를 변화시키면 정반응의 활성화 에너지가 달라진다. 달라지는 정도는 두 곡선의 기울기에 달려있다. 두 곡선의 기울기의 정도가 같으면 우리는 서로 대칭이라고 한다. 전기적 에너지를 넣어서 자유 에너지를 변화시켰을 때 두 곡선의 기울기의 대칭 정도에 따라 활성화 에너지의 차이가 나타난다. 곡선의 기울기 대칭 정도를 대칭 인자(symmetry factor, α)라 부르고, 대칭 인자가 ½일 때 산화 반응과 환원 반응의 에너지 장벽은 대칭이 된다. 그리고 대칭 인자는 $0 < \alpha < 1$의 범위를 갖는다. 대칭 인자는 전자 이동 계수(transfer coefficient)로 반응물과 생성물의 에너지가 만나는 부분의 곡선의 대칭 정도에 따라 정해진다. 곡선이 서로 대칭을 이루면 α는 0.5가 되고, 생성물 쪽 기울기가 반응물 쪽보다 더 가파르면 α는 ½보다 작다.

곡선의 기울기가 어떻게 활성화 에너지 변화에 영향을 주는지 살펴보자. 그림 4.5에서 전위를 넣어준 후 전기적 부분의 활성화 에너지를 보면, 반응물에서 생성물 넘어갈 때 에너지 그래프 간 기울기로 인해 넣어준 전위가 모두 반영되는 것이 아님을 알 수 있다. ΔE만큼의 전위를 넣어주면, 산화종의 자유 에너지가 위쪽으로 직선으로 올라간 만큼(ΔE)의 에너지가 활성화 에너지 크기에 반영되어야 하지만 환원종의 에너지 그래프와 만나는 지점에서 그래프 곡선의 기울기로 인해 ΔE가 모두 활성화 에너지 크기에 영향을 주는 것은 아니다. 단지 반응물에서 생성물 넘어가는 에너지 곡선의 기울기로 인해 $\alpha(\cdot nF\Delta E)$만큼만 반영된다.

따라서 그림 4.5의 O + e → R 반응에서 $-\Delta G^{\ddagger}$는 원래 자리에서 활성화 에너지(비전기적 부분, $\epsilon_c^{\ddagger\circ}$)과 전위를 가한 후 더 넘어야 하는 활성화 에너지(전기적 부분, $\epsilon_c^{\ddagger} = \alpha(\cdot nF\Delta E)$)의 합이다.

$$\Delta G^{\ddagger} = \epsilon_c^{\ddagger\circ} + \alpha(\cdot nF\Delta E)$$

따라서 환원 반응의 반응 속도 상수는 아래와 같다.

$$k_c = A \cdot e^{-\Delta G^{\ddagger}/RT} = A \cdot e^{-(\epsilon_c^{\ddagger\circ} + \alpha(\cdot nF\Delta E))/RT}$$

예제 8 위 식에서 원래 자리에서 활성화 에너지(비전기적 부분, $\epsilon_c^{\ddagger\circ}$)에 대한 반응 속도 상수($k^{\circ}$)를 분리해서 다시 쓰시오.

각 반응 속도 상수는 아래와 같이 정리된다.

$$k_c = k°\exp[-\alpha\frac{nF}{RT}(E - E°)] , \qquad k_a = k°\exp[(1 - \alpha)\frac{nF}{RT}(E - E°)]$$

예제 9 겉보기 전류는 산화 전류에서 환원 전류를 뺀 값이다($i = i_a - i_c$). 이를 Butler-Volmer 식이라고 한다. 반응 속도 상수에 관한 식을 참고하여 정리하시오.

3 교환 전류

산화 환원 반응의 평형 상태에서 전류는 흐르고 있는 것일까? 평형 상태에서 겉보기 반응은 없다. 산화-환원 반응에서 겉보기 반응이 없다는 것은 어떻게 설명할 수 있을까? 평형 상태에서 전류가 흐르지 않는 것이다. 이때 전기화학 셀의 전류 측정은 0이다.

$$O + e \underset{k_a}{\overset{k_c}{\rightleftharpoons}} R$$

$$\text{환원 속도} = k_c\ C_o(0,\ t) = \frac{i_c}{nFA}\text{(A는 전극 면적, cm}^2\text{)}$$

$$\text{산화 속도} = k_a\ C_R(0,\ t) = \frac{i_a}{nFA}$$

반응이 한쪽으로 치우쳐져 있으면 산화 전류 또는 환원 전류가 흐를 것이다. 4단원 겉보기 전류의 식에서 전류가 0이 되면 산화 전류와 환원 전류가 같아진다. 즉, 평형에서도 산화-환원 반응은 일어나되 속도가 같은 것이다($v_c = v_a$). 산화-환원 반응에서 속도는 전류의 개념이므로 다음 식이 성립한다.

$$i_a = i_C = i°$$

여기에서 i°를 교환 전류(exchange current)라고 한다. 즉, 교환 전류는 평형 상태에서 산화 전류, 환원 전류 값이 같을 때의 전륫값이다. 따라서 교환 전류는 해당 반응의 반응 속도를 나타내고 있다.

예제 10 산화 전류, 환원 전류의 식을 보면 지수함수적으로 증가함을 알 수 있다. 다음 그래프에 산화 전류와 환원 전류를 각각 그리고, 어느 지점이 평형 상태를 나타내는 지점인지 표시하시오.

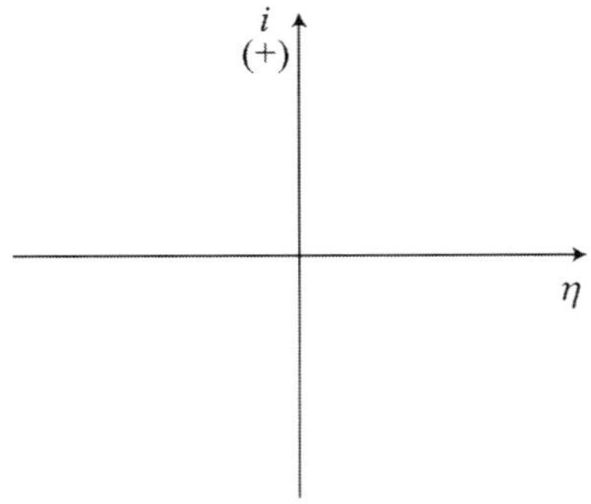

평형 상태에서의 전압을 E_{eq}라고 하고, 네른스트 식을 이용하여 다음과 같이 쓸 수 있다.

$$E_{eq} = E^\circ + \frac{RT}{nF} \ln \frac{C_O^*}{C_R^*}$$

예제 11 (a) 위의 식과 예제 6에서 나온 전류 식을 이용하여 교환 전류(i°)를 구하는 식을 구하시오. (b) 전해질 용액에 있는 산화종과 환원종의 벌크 농도가 같을 때 ($C_O^* = C_R^*$) 교환 전류(i°)를 구하는 식을 구하시오.

4 전류 vs. 교환 전류 vs. 과전위

평형 상태에서 겉보기 전류가 0일 때의 전압인 평형 전압(E_{eq})에서는 교환 전류가 흐른다. 평형이 깨지면 산화 전류가 환원 전류보다 더 많이 흐르거나, 환원 전류가 산화 전류보다 더 많이 흐르게 된다. 그때 가해지는 전압과 평형 전압의 차이를 과전위(overpotential, η)라고 한다.

$$\eta = E - E_{eq}$$

$$i = i^{\circ}[\exp[-\alpha\frac{nF}{RT}(E - E_{eq})] - \exp[(1 - \alpha)\frac{nF}{RT}(E - E_{eq})]]$$

산화 전류와 환원 전류의 차이를 교환 전류를 이용하여 나타낸 식을 Butler–Volmer 식이라고 하며, 과전위(E–E_{eq})의 크기에 따라 전류식을 정리할 수 있다.

예제 12 Butler–Volmer 식에서 과전위의 크기가 10 mV 정도로 매우 작을 경우, $\frac{nF}{RT}(E - E_{eq})$의 값은 1보다 매우 작은 값을 갖는다($\frac{nF}{RT}(E - E_{eq}) \ll 1$).

(a) 겉보기 전류에 대한 Butler–Volmer 식을 정리하시오(수학적으로 x ≪ 1에서 $e^x \cong 1 + x$의 근사를 사용하시오).

(b) 옴의 법칙($V = IR$)을 사용하여, $\eta = iR$ 식으로 위의 식을 다시 정리하시오.

과전위의 크기가 10 mV 정도로 매우 작을 경우, 전류는 과전위에 정비례하게 되고, 저항값은 다음과 같이 정리할 수 있다.

$$R = \frac{nF}{RT \cdot i^{\circ}} \quad \text{(R: 저항값, } R\text{: 기체 상수)}$$

위 식에서 저항 R 값은 평형 상태에서 교환 전류에 대한 저항이며, 전자가 이동할 때 방해하는 저항으로 전자 전이 저항(charge transfer resistance, R_{CT})이라고 한다. 평형 상태에서 측정한 것으로 전극-전해질의 계면에서의 전자 전달에 관한 것이므로, 계면 연구에 중요한 변수가 된다.

Butler-Volmer 전류 식에서 과전위의 크기가 10 mV 정도로 매우 작을 경우($\frac{nF}{RT}(E - E_{eq}) \ll 1$), 전류는 다음 식으로 다시 쓸 수 있다. 예제 8에서 나온 식의 양변에 자연로그를 취하면 된다.

$$\ln i = \ln i° - \alpha \frac{nF}{RT}(E - E_{eq}) = \ln i° - \alpha \frac{nF}{RT} \cdot \eta$$

예제 13 위의 식에서 과전위 η을 x축으로, ln i을 y축으로 하여 그래프를 그리고자 한다.

(a) 위의 식을 η에 대한 식으로 다시 정리하시오.

(b) 그래프의 모양을 그려보고, 그래프의 각 성분을 정의하시오.

예제 13에서 나온 식을 25°C 온도 조건과 상용로그로 계산하고, 산화 전류와 환원 전류의 부호에 상관없이 전류의 절댓값으로 표현하면 다음과 같다.

$$|\eta| = a - \frac{0.059}{an} \log|i| \quad (a = \frac{RT}{anF} \cdot \ln i°)$$

$$|\eta| = a - b \cdot \log|i|$$

이 식의 1차 함수를 Tafel 그래프라고 하고, 기울기를 Tafel 기울기라고 한다.

기울기에서는 대칭 인자(α)를 구할 수 있고, y절편에서는 교환 전류를 알게 됨으로써 반응 속도 상수를 구할 수 있다. 반응 속도 상수는 해당 산화 환원 반응의 속도에 관한 중요한 척도가 된다. 즉, 과전위가 10 mV 이하로 매우 적게 걸릴 때, 전극 계면에서의 전자 전달에 관한 고유 특성을 알아낼 수 있다.

특히 부식 연구에서는 여러 조건에서 해당 금속의 Tafel 그래프를 실험적으로 구하여, 부식될 때 전극 계면에서의 전자 전달 특성을 연구하고 있다. 과전위를 100 mV 이상으로 크게 가져가면서 측정되는 전류는 어떻게 되는지 다음 예제를 통해 알아보자.

예제 14 (a) 과전위 ($E - E_{eq}$)이 0보다 큰 경우 산화 전류 식을 구하시오. (b) 과전위 ($E - E_{eq}$)이 0보다 작은 경우 환원 전류 식을 구하시오.

Butler–Volmer 전류 식: $i = i^{\circ}\,[\exp[-\alpha\frac{nF}{RT}(E - E_{eq})] - \exp[(1 - \alpha)\frac{nF}{RT}(E - E_{eq})]]$

과전위(x축)에 따른 측정 전류(y축) 그래프에서 전류가 0일 경우, 과전위는 거의 0에 가깝게 되며 과전위 10 mV 이내의 구간에서 그래프는 직선으로 나타낼 수 있다. 과전위가 100 mV 이상으로 커지게 되면서 전류의 식은 지수함수적으로 급격히 증가한다. 이때 과전위에 따라 계속 증가하지는 못하게 되는데, 전극의 계면에서 산화 또는 환원되는 화학종이 반응으로 소멸되면서 전류 크기에 한계가 오기 때문이다. 그리고 이때부터는 벌크로부터 전극 주변으로 들어오는 산화종 또는 환원종의 확산 속도가 전류의 크기에 영향을 미치게 되어, 확산 지배적(diffusion controlled) 상황이 된다.

예제 15 Butler–Volmer 식에 따르면 산화 전류 또는 환원 전류가 흐를 때, 과전위 ($E - E_{eq}$)가 커질수록 전류의 크기는 지수 함수를 따라 급격히 증가한다.

$$i = i^{\circ}\,[\exp[-\alpha\frac{nF}{RT}(E - E_{eq})] - \exp[(1 - \alpha)\frac{nF}{RT}(E - E_{eq})]]$$

(a) 아래 전압–전류 그래프에 과전위가 커짐에 따라 증가하는 산화–환원 전류의 그래프 개형을 그리시오.

(b) 전극 계면에서 전자 전달 속도가 충분히 빠를 때, 과전위가 커질수록 전극 계면에서 전극과 전자를 주고받는 산화-환원종은 농도가 거의 0에 가까워진다. 이 때부터 증가하던 전류 크기에 한계가 오고 산화-환원종이 얼마나 전극 근처로 확산되어 올 수 있느냐가 전류의 크기를 결정하게 된다. 확산이 전류 크기를 결정하는 속도 결정 단계가 될 때 증가하던 전류가 어떻게 될지 (a)의 그래프 개형에 이어서 점선으로 그리시오.

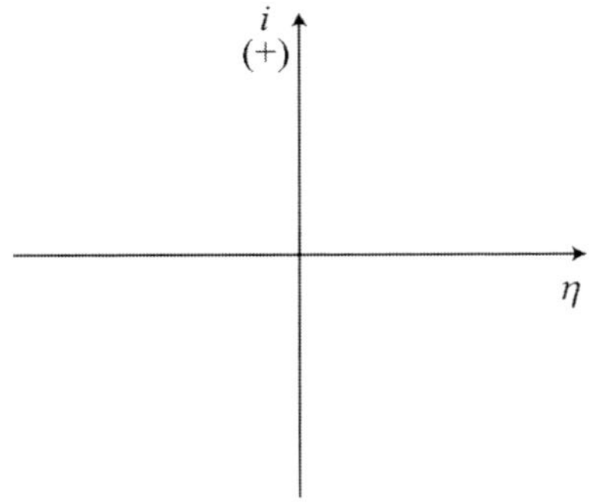

전기화학 반응에서 전체 반응의 반응 속도 결정 단계를 결정할 때도 화학 반응에서와 마찬가지로 속도가 느린 반응의 단계가 어떤 단계인지를 살펴야 한다. 전기화학 반응에서는 전극 계면과 산화-환원종의 전자 전달 속도가 매우 느리면(i^o는 작고, R_{CT}는 크다) 반응 속도 결정 단계가 될 수 있다. 또는 전자 전달 속도는 상대적으로 빠른 경우(가역 반응), 반응 속도 결정 단계는 물질의 확산 단계이다.

1) 농도 분극

교류 전압 입력이 저주파수로 갈수록, 작업 전극에 걸리는 일정 전압이 머무르는 시간은 길어진다. 이에 따라 일정 전압에서의 산화-환원종 반응 양상이 나타나는데, 일정 전압애서 전극 계면에서의 전자 전달 속도가 충분히 빠른 경우 반응 속도 결정 단계는 산화-환원종의 전극 계면으로의 확산 속도이다. 이때, 반응 동등 회로에는 확산에 의한 저항 성분이 나타나게 되는데 이것을 와버그 임피던스(Warburg impedance)라고 한다. 확산에 의한 임피던스(W로 표시)가 저항 직렬로 연결되어 있는 동등회로를 그림 4.6에 나타내었다.

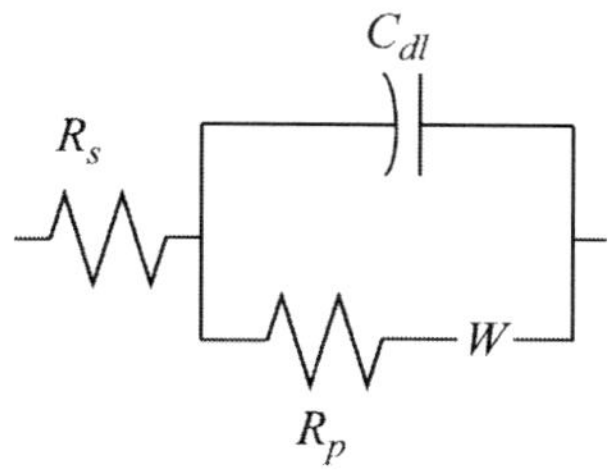

그림 4.6 임피던스와 저항이 연결된 회로

05

전류, 전압 실험

1 확산
2 저항(C)–커패시터(R) 전기 회로에서 전압(V)–전류(i) 관계
3 전기화학 반응에서의 전류–전압
4 평면 고체 전극에 일정 전류를 입력으로 주었을 경우의 전압 신호
5 Sampled–current voltammetry
6 전압 훑음에 의한 전류 측정

일반적으로 전기화학 실험에서는 전기화학 셀, 산화 전극, 환원 전극, 전해질, 기준 전극을 설치한 뒤 실험이 진행된다. 전극끼리는 도선으로 연결하고 전해질에 담근다. 전해질 안에는 migration을 담당하면서 전해질 전도도를 높여주는 지지 전해질을 넣어주고, 실험자가 관찰하고 싶은 산화-환원 종을 넣는다. 이 상태에서 자발적으로 전류가 흐르는 셀을 갈바니 전지(Galvanic cell)라고 한다. 아연을 산화 전극으로, 구리를 환원 전극으로 세팅했을 때가 대표적인 경우로, 반응 속도가 빠른 반응 중에서 열역학적으로 산화, 환원 반응이 자발적으로 일어나는 셀이 된다.

전기화학 셀에서 대부분의 경우는 외부에서 전압이나 전류를 입력(input)으로 넣어주고 출력(output) 신호를 보면서 해당 산화-환원종의 거동을 관찰하고 해석하게 된다. 외부에서 전압, 전류를 가해줄 때 필요한 장치가 정전위기(potentiostat)이다. 이 장치를 사용하면 전기화학 셀에 전압을 가해주고 출력으로 나오는 전류 신호를 볼 수 있고, 또는 셀에 전류를 가해주고 전압 신호를 출력으로 얻을 수 있다. 가해주는 전류나 전압을 어떤 식으로 해주느냐에 따라 관찰하고자 하는 산화-환원종의 전기화학적 특성을 알 수 있게 된다.

입력에 따라 나오는 출력 신호를 해석해야 할 때, 전극-전해질 계면에서 산화-환원종의 전자 전달과 산화-환원종의 확산에 대한 개념을 가지고 있어야 제대로 해석할 수 있다.

예제 1 (a) 전기화학 셀을 구성하는 요소와 역할을 쓰고, (b) 셀에 전압을 가해줄 때 어떤 전압 조건으로 할 수 있을지 쓰시오.

전압-전류 실험에서 전압을 가할 때는, 관심의 대상이 되는 산화-환원종의 신호만 얻어지기를 바란다. 즉, 셀 안에 있는 용매나 지지 전해질이 산화되거나 환원되지는 않아야 한다. 따라서 용매와지지 전해질은 쉽게 산화-환원이 되지 않으며, 보고자 하는 물질의 산화-환원 반응의 전압 영역에 있지 않은 것을 선택한다. 즉, 용매와 지지 전해질은 전기화학적으로 반응이 어려운 물질이어야 한다.

전류는 셀 안의 지지 전해질이 전압이 인가된 전극 쪽으로 이동하며 충전하는 충전 전류(charging current, 이때는 전극 계면에서의 전자 이동이 없다)와 전극 계면으로의 전자 이동에 의해 나타나는 패러데이 전류(faradaic current)로 나눠진다. 전압과 전류를 어떤 방식으로 셀에 인가하느냐에 따라 충전 전류와 패러데이 전류가 나타나는 양상이 달라질 수 있다.

전압–전류 그래프를 이해하기 위해서는 두 가지를 확인한다. 첫 번째로는 전극 계면에서의 전자 이동이 충분히 빠른지를 확인한다. 두 번째는 패러데이 전류가 흐를 때, 산화–환원종이 전극에서 먼 쪽(벌크)에서 전극 계면 쪽으로 얼마나 빨리 이동할 수 있는지를 고려한다.

예제 2 페리사이아나이드($[Fe(CN)_6]^{3-}$)의 환원 반응을 전압–전류 데이터로 보고자 한다. 전해질은 0.1 M KCl 수용액이며, 각 산화–환원종의 몰농도는 1 M이다.

표준 환원 전위: $[Fe(CN)_6]^{3-} + e \rightarrow [Fe(CN)_6]^{4-}$ $E^\circ = +0.36$ V

(a) 위 수용액에서 페리사이아나이드의 환원 전위를 구하시오.

(b) 환원 전류가 흐르는 전압에서 시간(x축)에 따른 전류(y축) 그래프를 그리시오.

예제 2에서 시간에 따라 전극 근처의 페리사이아나이드의 농도가 시간에 따라 어떻게 변할지 생각해보자. 전류는 전극 계면에서의 전자 이동에 의한 것이므로, 산화–환원종의 전극 근처에 있는지가 중요하고 그때의 농도가 중요한 이슈가 된다. 따라서 그래프의 x축은 전극으로부터의 거리가 되고, 각 거리에서의 산화–환원종의 농도가 y축이 된다.

예를 들어 전극에서 10 mM 페리사이아나이드($[Fe(CN)_6]^{3-}$)의 환원 반응이 일어난다고 해보자. 환원 반응이 일어나기 전, 전극 거리에 따른 페리사이아나이드의 농도는 전 구간에서 모두 10 mM로 일정하다. 전극 계면에서 환원 반응이 일어나게 되면 전극 근처의 페리사이아나이드의 농도는 일시적으로 줄어들게 된다. 이때 전극으로부터 먼 쪽(벌크)에서의 농도는 여전히 10 mM이다. 따라서 농도차에 의한 확산이 일어나게 되고, 페리사이아나이드가 벌크에서 전극 계면 쪽으로 이동을 하게 된다. 이때, 전극 계면에서 전자 이동 속도가 매우 빠르다면 어떤 일이 벌어질까?

페리사이아나이드가 확산으로 계면으로 도달하기 전에 계면의 농도는 빠르게 감소하게 될 것이다. 전극 근처에서 전자를 받을 수 있는 페리사이아나이드가 많이 없으므로 환원 전류는 감소한다.

예제 3 위의 설명을 시간에 따른(t_0 < t_1 < t_2) 전극으로부터의 거리(x축)와 페리사이아나이드의 농도(y축) 그래프로 그리시오.

다시 정리하면, 전극에서의 전자 이동 속도가 충분히 빠를 때, 확산에 의한 전극 근처의 농도 변화가 전류 크기를 결정한다. 이 내용을 완전히 이해하는 것은 전기화학 전류-전압 관계에서 매우 중요하다.

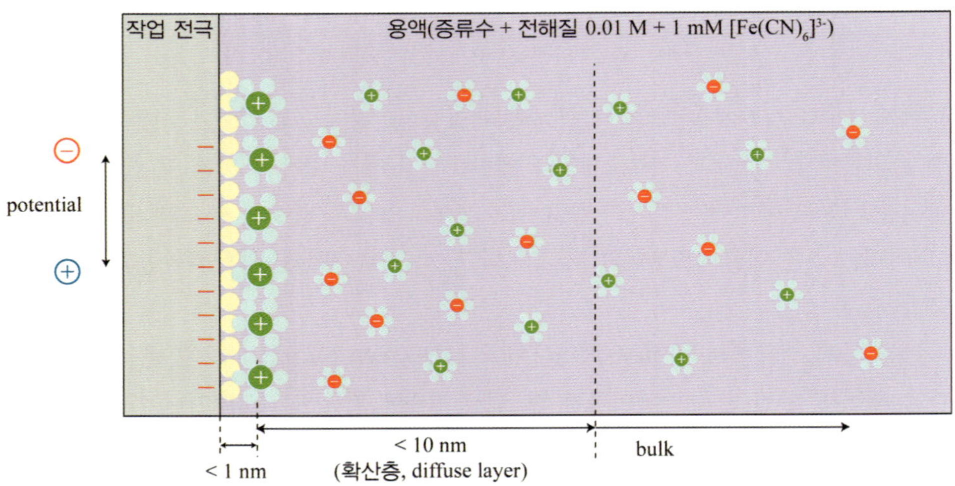

그림 5.1 전극으로부터의 거리에 따른 지지 전해질 이온의 농도 추이 모식도

그림 5.1에서 전해질 용액의 지지 전해질(예. KCl, $NaNO_3$ 등) 농도가 전극 계면에 가까울수록 벌크 농도 0.01 M보다 좀 더 높다는 것을 알 수 있다. 작업 전극에 - 전압이 걸리면서 지지 전해질 중 + 이온이 전극 계면으로 이동하면서 지지 전해질의 농도가 벌크 쪽보다 높아진다. 이쪽을 확산층(diffuse layer)이라고 부르고 전극으로부터 약 10 nm 이하로 형성된다. 확산층은 지지 전해질의 농도에 따라 조금씩 달라진다. 그림 5.1은 수용액 속에 있는 지지 전해질만 표시한 것인데, 산화종인 페리사이아나이드($[Fe(CN)_6]^{3-}$)까지 표현하면 그림 5.2와 같다.

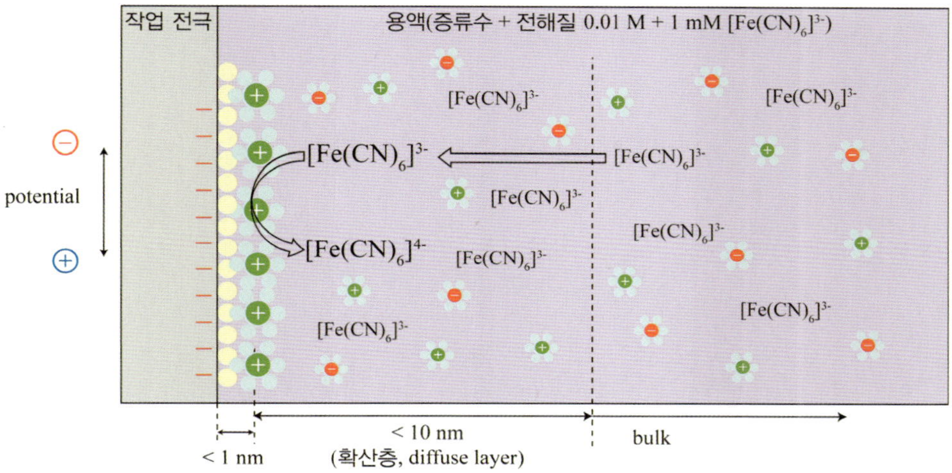

그림 5.2 전극으로부터의 거리에 따른 산화종인 페리사이아나이드($[Fe(CN)_6]^{3-}$)의 농도 추이 모식도

페리사이아나이드는 작업 전극에 전압을 걸기 전 전극 계면과 벌크에서의 농도가 1 mM로 같다. 전압을 걸어 페리사이아나이드의 환원이 일어나면 전극 계면의 페리사이아나이드의 농도가 줄어들게 되고, 전극 계면의 농도가 더 적어지게 되어 전극으로부터의 거리에 따라 산화종의 농도가 달라지게 된다. 따라서 페리사이아나이드 농도가 1 mM을 유지하고 있는 벌크에서 전극 계면 쪽으로 확산이 일어난다. 환원 전류에 영향을 주는 것은 전극 근처 페리사이아나이드의 농도와 전극에서의 전자 이동 속도가 된다. 전극 근처 페리사이아나이드 농도는 벌크에서 계면 쪽으로 들어오는 확산 속도(용액을 저어주지 않았을 경우)에 따라 달라진다.

1 확산(diffusion)

예제 4 전극으로부터의 거리를 X로 두었을 때, X = 0은 전극의 표면이 된다. 전극에서의 산화-환원 반응이 진행됨에 따라, 전극으로부터의 거리(X)에 대한 산화-환원종의 농도가 다음과 같다. X_1, X_2 간의 농도 기울기(M/m, 몰농도/거리)를 구하시오.

X_1 = 1 nm에서 산화-환원종의 농도 $C_1 = 10^{-5}$ M

X_2 = 10 μm에서 산화-환원종의 농도 $C_2 = 10^{-2}$ M

전극 반응에서 확산이 중요하므로 벌크에서 전극 계면 쪽으로 들어오는 산화-환원종의 확산을 식으로 나타내는 것은 전극 반응에 대한 시뮬레이션에 중요하다. 확산을 흐름으로 볼 때, 1초당 1 m^2만큼의 면적을 통과하는 물질의 개수 또는 몰수로 보고, 이것을 유속(flux, J)이라고 할 수 있다. 유속의 단위는 단위 시간당, 단위 면적당 지나가는 물질의 몰수이므로 mol/cm²·s이다.

예제 4에서 확산 속도는 거리가 변할 때 농도 변화(dc/dx)가 된다. 그리고 유속이 농도의 거리에 따른 변화율에 정비례하게 되므로 다음과 같이 유속을 쓸 수 있다. 여기서 정비례 상수 D를 사용한다.

$$J = -D\frac{dc}{dx}$$

정비례 상수 D는 확산 계수(diffusion coefficient)가 되고, m^2/s의 단위를 갖는다. 수용액에서 작은 분자나 이온들의 확산 계수(D)는 10^{-9} m^2/s 정도를 가지게 된다. 확산 계수는 온도, 용매 조성, 농도에 따라 달라진다. 몇몇 이온의 25°C 물에서의 확산 계수를 표 5.1에 나타내었다.[5]

표 5.1 일반적인 이온들의 확산 계수(25°C 물)

이온	확산 계수
수소 이온(H^+)	~9.31 × 10^{-9} m^2/s
수산화 이온(OH^-)	~5.27 × 10^{-9} m^2/s
소듐 이온(Na^+)	~1.33 × 10^{-9} m^2/s
염화 이온(Cl^-)	~2.03 × 10^{-9} m^2/s
물 분자(H_2O)	~2.3 × 10^{-9} m^2/s

확산도 결국은 입자가 농도가 낮은 쪽으로 움직이는 무작위 운동(브라운 운동, Brownian motion)을 한다. 이것을 확산 계수의 단위 m^2/s와 연결하여 t초 동안 움직인 거리(Δ)는 다음 식과 같이 구해질 수 있다. 이는 입자가 형성할 수 있는 평균적인 확산층의 두께(diffusion layer)를 나타낸다.

$$\Delta = \sqrt{2Dt}$$

예제 5 표 5.1에서 수산화 이온(OH^-)의 확산 계수를 참고하여 다음 질문에 답하시오.

(a) 0.1초 후에 이동한 거리를 계산하시오.

(b) 전극 표면($x = 0$)에는 수산화 이온이 없고 벌크($x = \infty$)에는 수산화 이온 농도가 0.1 M이라고 할 때, 0.1초 후 전극으로부터의 거리(x)에 따른 수산화 이온 농도(y)를 그래프로 그리고 설명하시오.

유속은 전극에서부터의 거리(x)와 시간(t)에 따른 함수가 된다. 산화종의 농도(C_o) 또한 거리와 시간에 따른 함수인데, J를 C_o에 대한 식으로 쓰면 다음과 같다.

$$-J_o(x,t) = D_o \frac{\partial C_o(x,t)}{\partial x}$$

이 식이 어떻게 나왔는지 좀 더 자세히 보자. 유속이 통과하는 한 지점이 있고, 그 지점을 흐르기 전의 입자의 수를 $N_o(x)$, 그 후의 입자수를 $N_o(x + \Delta x)$가 되었다고 하자. Δt 동안 $N_o(x)$, $N_o(x + \Delta x)$ 입자 수의 반이 Δx을 움직였고, 각 입자는 반대 방향으로 무작위 운동을 하였다.

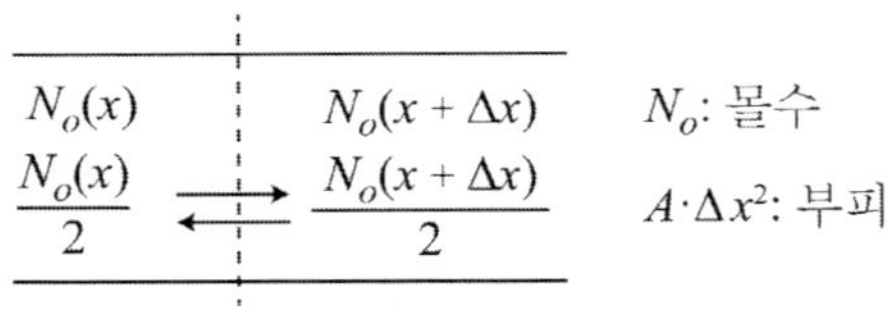

입자들이 Δt 동안 Δx 거리를 움직였으므로,

$$J_o(x,t) = \frac{1}{A} \cdot \frac{\frac{N_o(x)}{2} - \frac{N_o(x + \Delta x)}{2}}{\Delta t}$$

$$= \frac{\Delta x^2}{2\Delta x} \cdot \frac{1}{A} \cdot \frac{N_o(x) - N_o(x + \Delta x)}{\Delta x^2}$$

농도는 다음과 같다.

$$\frac{N_o}{A \cdot \Delta x^2} = C_o$$

유속은

$$-J_o(x,t) = \frac{\Delta x^2}{2\Delta t} \cdot \frac{C_o(x + \Delta x) - Cdx}{\Delta x}$$

가 된다. 확산 계수는 다음과 같다(단위 m^2/s).

$$D_o = \frac{\Delta x^2}{2\Delta t}$$

이 확산 계수 식에서 Δt, Δx를 매우 작은 간격으로(수학적으로는 $\Delta t \to 0$, $\Delta x \to 0$) 변한다고 할 때, 확산 계수(D_o)로 나타낼 수 있게 된다.

$$-J_o(x,t) = D_o \frac{\partial C_o(x,t)}{\partial x}$$

이 식에서 농도는 전극 주변(전극으로부터의 거리, $x = 0$)의 산화종(O)의 농도라고 하자. 전류는 전극에서 산화종으로의 전자의 이동 속도에 비례하므로,

$$\text{Rate} = -D_o \frac{dC_o(x,t)}{dx}\bigg|_{x=0} = -J_o(0,t) = \frac{i}{nFA}$$

(A: 전극의 면적, F: 패러데이 상수, n: 전자 몰수)

위 식에서 전류 i는 어떤 조건에서 최댓값을 갖게 될까? 최대치 전류 i_L는 해당 전기화학 셀에서 흐를 수 있는 한계 전류(limiting current)이며, 전극 근처 산화종의 농도가 벌크에 있는 산화종의 농도와 같을 때 흐르는 전류이다.

이번에는 어떤 위치 x에서 시간에 따른 농도 변화에 대한 식을 구해보자. 시간이 지나면 유속은 x라는 위치에서 dx만큼 이동하여 $x + dx$ 위치에 있게 된다. 이것을 그림으로 나타내면 다음과 같다.

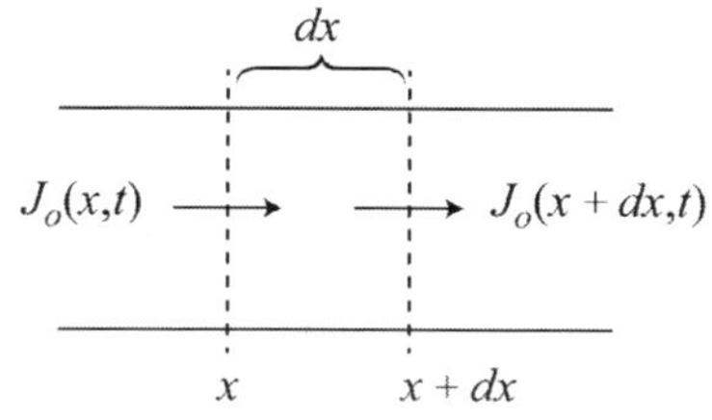

여기서는 시간이 dt만큼 변하면 유속은 위치 x에서 $x + dx$로 이동하게 되는 것이므로, 시간에 따른 농도 변화는 다음과 같다.

$$\frac{\partial C_o(x,t)}{\partial t} = \frac{J(x,t) - J(x+dx,t)}{dx} \cdots ①$$

이 식을 정리하면 $J(x+dx,t) = J(x,t) + \frac{\partial J(x,t)}{\partial x}dx$가 되고, 앞의 식에서

$$-J_o(x,t) = D_o\frac{\partial C_o(x,t)}{\partial x} \cdots ②$$

이므로 ①, ②를 정리하면 시간에 따른 농도의 양상은 다음과 같다.

$$\frac{\partial C_o(x,t)}{\partial t} = \frac{\partial}{\partial x}\left[D_o\frac{\partial C_o(x,t)}{\partial x}\right] = D_o\left(\frac{\partial^2 C_o(x,t)}{\partial x^2}\right)$$

이제 Δt, Δx를 매우 작은 간격으로(수학적으로는 $\Delta t \to 0$, $\Delta x \to 0$) 변한다고 할 때, 시간에 따른 농도의 변화에 대한 식, 즉 Fick의 제2법칙(Fick's second law)이 얻어진다.

$$\frac{dC(x,t)}{dt} = \frac{d}{dx}D\left(\frac{dC(x,t)}{dx}\right)$$

이 식의 미분방정식 해를 구하면 전극 계면에서의 거리와 시간에 따른 산화종의 농도 변화에 대한 그래프를 구할 수 있다. 미분방정식의 해를 구할 때, 수학적 처리(라플라스 변환, Laplace)를 한다. 라플라스 변환은 복잡한 미분방정식의 해를 구하기 위한 수학적 테크닉이므로 본 교재에서는 따로 언급하지 않겠다.

전극 계면으로부터 산화종의 거리와 시간에 따른 산화-환원종의 농도 변화 그래프는 정성적으로 예측할 수 있다. 전극 계면에서의 전자 전달이 충분히 빠르고, 표면의 산화-환원종을 순식간에 환원, 산화시킬 수 있는 충분한 전압(큰 과전위)이 걸렸다고 할 때, 표면 근처의 농도 변화가 시간에 따라 어떻게 변할지 예측할 수 있다.

1) 전극으로부터의 거리 경계 조건(boundary condition)

전기화학 연구에서 전류, 전압 실험 결과를 해석하기 위해서는 입력 전류나 전압에 따른 산화-환원종의 전극 계면에서의 농도 변화를 이해해야 한다. 전극으로부터의 거리가 0인 경우가 전극의 표면이 된다. 반면, 전극 반응에 의한 농도 변화가 일어날 때

전극으로부터 먼 쪽에 있는 용액은 초기에 농도를 유지하기 마련인데, 이 벌크는 전극으로부터 거리가 무한대(∞)라고 표현한다.

산화종을 전기화학 셀에 C_o* 농도만큼 녹였다고 할 때, 전압을 걸어주기 전에는 전극 표면이나 벌크가 초기 농도와 같다. 전극에 전압을 걸어주어 산화종을 환원시킬 때($t > 0$) 전극 전자 전달이 충분히 빠르다면 전극으로부터의 거리(x)와 시간(t)에 따른 농도 함수 $C(x,t)$는 다음과 같은 값을 갖는다.

$$0 \le C_o(0,t) < C_o^* , \quad C_o(\infty,t) = C_o^*$$

전극에 전압을 가하기 시작하면 전극 표면의 농도는 변하게 되고, 전극 표면의 농도 함수는 전압에 따른 함수가 된다.

$$C_o(0,t) = f(E)$$

$f(E)$는 전압에 따른 함수를 나타낸다.

여기서 전극 근처의 농도는 시간의 함수이기도 하다. 전극 근처에서 시간에 따른 산화종의 농도 변화(dC_o/dt)는 각 시간에서의 순간 기울기가 되는데, 과전위가 클수록 (dC_o/dt)의 절댓값은 커진다.

예제 6 전극 표면 근처의 시간에 따른 농도 변화 그래프를 예측하여 그리시오. 전극으로부터의 거리를 x축으로, 산화종의 농도를 1.0 mM로 한다. 시간(t)이 0.01초, 0.1초, 10초, 100초 지난 시점에서의 각 그래프를 예측하여 그리시오.

예제 6에서 시간(t)이 길어질수록, 전극으로부터의 거리에 따른 농도의 그래프 증가가 완만해진다. 벌크($x = \infty$)에 비하여 전극 표면으로 갈수록 산화종의 농도는 낮아지는데, 벌크와 농도 차이가 나는 전극으로부터의 거리까지를 확산층(diffusion layer)이라고 한다. 시간이 지날수록 이 확산층의 두께는 두꺼워진다.

전류의 세기는 전극에서 농도의 변화에 비례하게 되고, 확산층에서의 농도 기울기에 비례하게 된다. 전극 표면($x = 0$)에서의 농도 기울기는 다음과 같다(Fick의 법칙에 따르며, 수학적 과정은 전기화학에서의 전류-전압에서 설명할 것이다).

$$\left(\frac{dC}{dx}\right)_{x=0} = \frac{C^*}{\sqrt{\pi D t}}$$

여기서 C^*는 벌크 농도이다. 이 식에서 평면 전극에서의 확산 전류 밀도에 대한 식(Cottrell 식)을 구해보자(다음 식을 전류 i에 대한 식으로 써보자).

$$J = -D\frac{dc}{dx},\ J = \frac{i}{nF}$$

에서 $\left(\frac{dC}{dx}\right)_{x=0} = \frac{C^*}{\sqrt{\pi D t}}$이므로 i에 대해 정리하면 다음과 같다.

$$i = nFD\left(\frac{dC}{dx}\right)_{x=0} = nFC^*\frac{\sqrt{D}}{\sqrt{\pi t}}$$

Cottrell 식은 일정 전압을 작업 전극에 주었을 때, 전극 표면에서의 시간에 따른 전류를 측정할 때(chronoamperometry) 사용하는 식이라고 할 수 있다.

2 저항(C)-커패시터(R) 전기 회로에서 전압(V)-전류(i) 관계

전기화학 셀에서는 전류나 전압으로 조건을 설정하고 해당 조건에 따라 나오는 결과 값(전압이나 전류 또는 임피던스)으로 해당 반응을 분석하게 된다. 그렇게 보면 전기화학 셀에서 전자의 움직임을 전기 회로와 빗대어 생각할 수 있다. 이때 회로에서 저항은 전기화학 셀에서는 전극 표면에서 전자 전달 저항이나 산화-환원 반응 시 벌크에서 전극 표면으로 오는 확산에 의한 저항으로 볼 수 있다.

전기화학 셀에서 나오는 신호를 이해하기 위해, 전기 회로 중 가장 간단한 회로인 저항(R)과 커패시터(C)가 직렬로 연결되어 있는 *RC* 회로에서 전압-전류 관계를 알아보고자 한다.

1) 전압을 입력으로 주었을 때,

RC 회로에 전압을 계단식으로 줄 때(voltage (potential) step), 계단식 전압에 따른 전류 신호는 어떻게 될까? 그림 5.3(a)의 RC 전기 회로에서 계단식 전압을 입력으로 주었을 때의 전압 그래프는 그림 5.3(b)와 같다.

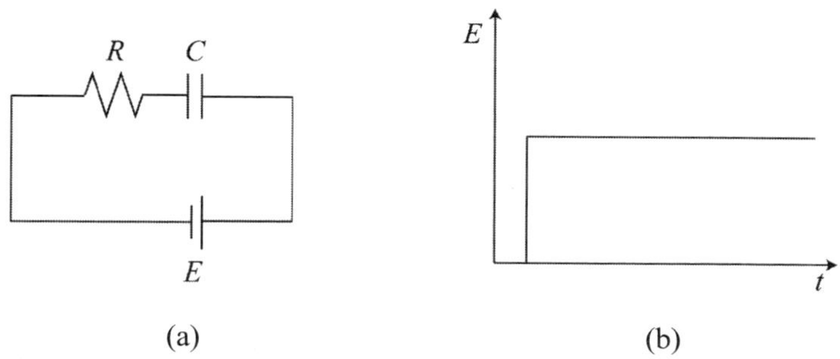

그림 5.3 *RC* 전기 회로(a)에 전압 계단을 걸어주었을 때의 그래프(b).

회로에서 흐르는 전류 i, 저항 R에 걸리는 전압은 E_R, 커패시터 C에 걸리는 전압은 EC라고 한다면 다음 식이 성립한다.

$$E_R = iR$$

$$Q = C \cdot V$$

(Q: 전하량(coulomb), C: 커패시턴스(capacitance), V : E voltage, potential)

$$E_{\text{total}} = E_R + E_C = iR + \frac{Q}{C}, \qquad C \cdot E_R = Q$$

이제 회로에서 흐르는 전류를 구하고자 한다. 저항(R)과 커패시터(C)에 흐르는 전류 값은 같으므로, 커패시터 전하량(Q)을 시간(t)으로 미분하여 전류(i)를 구할 수 있다.

$$\frac{dE}{dt} = R \cdot \frac{di}{dt} + \frac{1}{C} \cdot \frac{dQ}{dt}$$

일정 전압이므로

$$R \cdot \frac{di}{dt} + \frac{1}{C} \cdot i = 0$$

이고, 적분하여 계산하면 다음과 같다.

$$\int_{I_o}^{i} \frac{1}{i} di = -\int_{0}^{t} \frac{1}{RC} dt$$

$$[\ln i]_{I_o}^{i} = -\frac{1}{RC}t$$

$$\frac{i}{I_o} = e^{-\frac{t}{RC}}$$

따라서 일정 전압을 *RC* 회로에 걸어주면, 그림 5.4와 같은 형태의 전류가 흐른다.

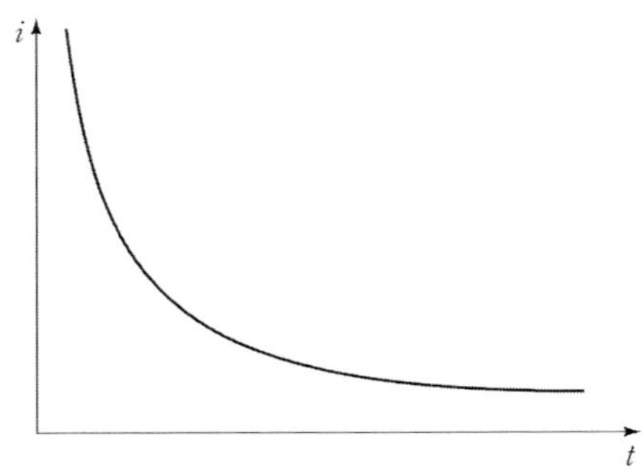

그림 5.4 일정 전압이 *RC* 회로에 흐를 때의 전류

이번에는, *RC* 전기 회로에서 입력으로 전압을 줄 때, 전압을 0 V에서부터 서서히 증가시켰다가 다시 0으로 되돌아가는 훑음(sweep)을 해준다고 하자(그림 5.5). 그럼 이때 전압을 시간에 따라 증가시키는 속도가 *v*라고 하면 입력으로 주는 전압(*E*)은 다음과 같다.

$$E = vt$$

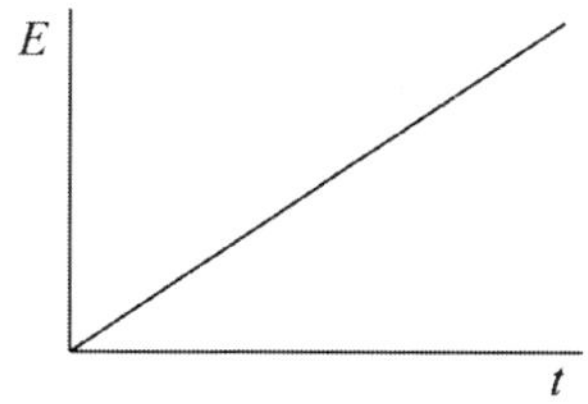

그림 5.5 서서히 증가하는 전압 입력

이때, 시간에 따라 전압이 바뀌므로 $E_R = iR$에서 저항(R)에 흐르는 전류(i)는 dq/dt가 된다.

$$E_{\text{total}} = E_R + E_C = R\frac{dQ}{dt} + \frac{Q}{C} = vt$$

이 식에서 전류 i를 구하면($t = 0$일 때, $Q = 0$이라고 가정) $i = vC(1 - \exp(-t/RC))$가 된다.

전압 훑음에 의한 전류(i)에 대한 식에서 t를 무한대로 보낼 때, 시간에 따른 전류 곡선은 그림 5.6과 같다.

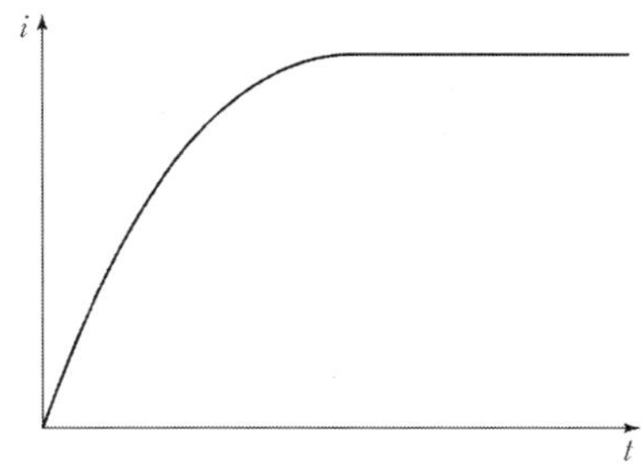

그림 5.6 전압 훑음에서 시간에 따른 전류의 변화

2) 전류를 입력으로 걸어줄 때

RC 회로에서 일정 전류를 입력으로 준다고 할 때(그림 5.7), 출력으로 나오는 전압을 측정한다. 커패시터에 일정한 크기의 전류가 흘러 들어가면 그때 쌓이는 전하량(Q)과 전압(E_{total})은 다음과 같다.

$$Q = \int_0^t i\,dt$$

$$E_{\text{total}} = E_R + E_C = iR + \frac{i}{C}\int_0^t dt = i_R + \frac{i}{C}t$$

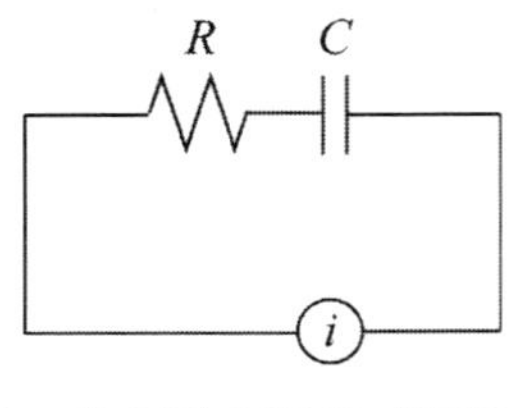

그림 5.7 *RC* 회로에 일정 전류를 입력하는 상황의 모식도

RC 회로에서 본 전압(V)-전류(i) 관계는 간단하다. 그러나 실제 전기화학 셀에서는 전극-전해질 간 전자의 움직임에 따른 불균일 반응이고, 전극 주변의 남아있는 반응물질의 농도와 확산 속도가 변수가 된다. 따라서 전기화학 반응에서는 전자 회로와 함께 전자의 화학 반응(O + e → R)을 고려해야 한다.

3 전기화학 반응에서의 전류-전압

전기 회로와 달리 전기화학 셀에서는 전극과 전해질 사이의 계면 전자전달 반응과 계면 화학 반응, 그리고 전극 계면으로 확산되는 산화-환원종의 확산 속도가 중요하다.

전기화학 셀의 작업 전극(working electrode)에 일정 전압을 입력으로 주고 전류를 출력으로 측정한다고 할 때 전류는 어떻게 되는지 알아보자. 작업 전극에서 환원 반응(O + e → R)이 일어나게 되면, 상대 전극(counter electrode)에서는 산화 반응(R → O + e)이 일어나게 된다. 산화 전극에서 나온 전자는 전극을 이어주는 구리 도선을 타고 환원 전극으로 들어온다. 환원 전극으로 들어온 전자는 전극-전해질 계면에서 기다리고 있는 산화종(O)에게 전자를 전달하게 되면서 환원 반응이 일어난다(O + e → R). 즉, 전자는 고체-전해질 계면에서 전달이 되므로 전기화학 셀에서 전자 전달은 불균일 반응(heterogeneous reaction)이다. 이를 모식도로 나타내어 보면 그림 5.8과 같다.

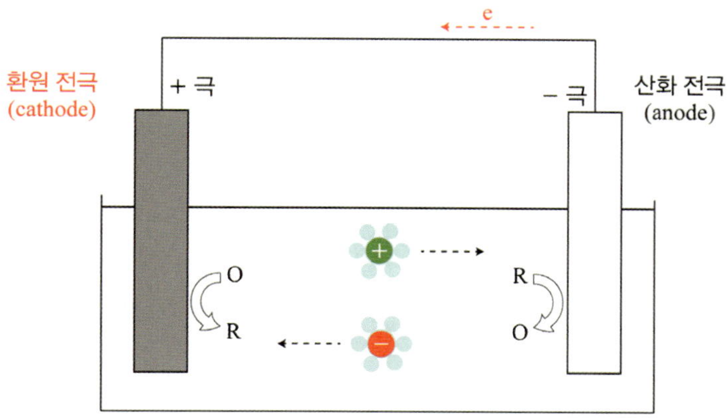

그림 5.8 산화-환원 반응에서 전자의 이동

그림 5.8에서 산화종(O)과 환원종(R)은 전극 표면에서 반응이 일어나고 지지 전해질의 + 이온과 − 이온은 정전기적 인력에 의해 이동을 하여 전극 계면에서 축전기(capacitor) 형태의 전기 이중층을 형성한다. 이 이중층은 전극 계면에서 산화종, 환원종으로 전자 전달을 하는 데 중요한 역할을 한다.

작업 전극에서 측정되는 전류가 0이라면 겉보기 반응이 없는 상태이므로, 평형 상태가 된다. 평형 상태에서는 전기화학 셀의 환원 전극에서의 반응으로 인한 환원 전류(i_c)와 산화 전극에서의 산화 전류(i_a)의 크기가 같다.

다음 반응에서 정반응 속도는 환원 반응 속도(cathodic reaction rate, v_c)가 되고, 역반응 속도는 산화 반응 속도(anodic reaction rate, v_a)가 된다. 산화 전류와 환원 전류가 같다는 것은 산화 반응 속도와 환원 반응 속도가 같다는 것을 의미한다.

$$\mathrm{O} + \mathrm{e} \underset{k_a}{\overset{k_c}{\rightleftarrows}} \mathrm{R}$$

$$v_c = \frac{d[O]}{dt} = v_a = \frac{d[R]}{dt}$$

이 식에서 $[O]$와 $[R]$는 각각 산화종과 환원종의 농도를 가리키는데, 전극 반응에서는 전극 주변의 농도가 중요하므로 식을 다시 쓰면 다음과 같다.

$$v_c = k_c C_\mathrm{o}(0,t), \quad v_a = k_a C_\mathrm{R}(0,t)$$

$C_o(0,t)$와 $C_R(0,t)$는 각각 전극으로부터의 거리(x)가 0이고 측정 순간 t에서의 산화종과 환원종의 농도를 말한다.

예제 7 전해질 용액을 저어주지 않고(unstirred solution) 실험하는 경우, 일정 전압을 주어 다음의 환원 반응이 일어난다고 하자.

$Fe(CN)_6)]^{3-} + e \rightarrow [Fe(CN)_6)]^{4-}$ 표준 환원 전위($E°$) = +0.36 V

환원 반응이 충분히 일어나는 전압을 준다고 할 때, $[Fe(CN)_6)]^{3-}$ 농도를 쓰시오.

$C(x,0)$ = ____________, $\lim_{x \to \infty} C(x,t)$ = ____________, $C(0, t)$ = ____________

(for $t > 0$)

환원 반응이 빠르게 일어나고 있을 때(전극 계면 전자 전달 반응 속도가 크고, 충분한 전압을 걸어주었을 때), 전해질 용액을 저어주지 않으면 측정되는 환원 전류는 전극 표면의 산화종(O) 농도에 영향을 받게 된다. 이때 전류는 전극 표면 쪽으로 얼마나 빠르게 산화종이 확산되어 들어오느냐에 달려있다. 이것을 확산 지배적 현상(diffusion controlled)이라고 하고, 그때 흐르는 전류를 확산에 의해 제한을 받는 전류(diffusion-limited current)라고 한다.

예제 7의 내용을 다시 생각해보면, 전극으로부터의 거리를 x로 두고 시간(t)에 따른 농도 변화를 그림 5.9와 같이 나타낼 수 있다.

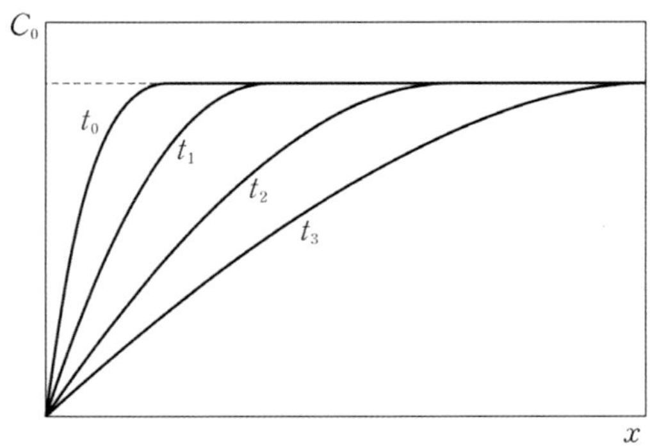

그림 5.9 전극으로부터의 거리에 대한 농도 그래프. 시간에 따른 농도 변화를 나타내었다.

반응이 시작한 후 얼마 되지 않았을 때를 t_0로 놓고 시간이 지나면서 t_1, t_2, t_3($t_0 < t_1 < t_2 < t_3$)이 되었을 때 농도 변화 그래프이다. 전극에서부터 멀어져 벌크 농도가 되기 전까지, 전극 근처에서는 농도 변화가 선형(linear)으로 변하고 있는 것을 알 수

있다. 그리고 전극으로부터 먼 쪽으로 간다고 할 때 전극으로부터 거리 x가 ∞로 가까워진다고 표현한다. 실제로는 무한대의 거리가 아니지만, 분자의 관점에서 무한대로 표현한다고 보면 된다. 이것을 semi-infinite으로 명칭한다. 즉 전자 전달 속도가 충분히 빠른 전극에 일정 전압을 주었을 경우, 전극으로부터의 농도 변화는 semi-infinite linear diffusion에 의하여 지배를 받고 있다. 그리고 이 농도 변화에 따라 일정 전압에 따른 전류 신호가 측정되게 된다.

그렇다면 이 경우의 전류 신호를 이론적 계산해보자. 우선, 시간에 따른 농도의 변화에 대한 식(Fick의 제2 법칙)은 앞에서 설명한 대로 다음과 같이 나타낼 수 있다.

$$\frac{dC_o(x,t)}{dt} = \frac{d}{dx}D\left(\frac{dC_o(x,t)}{dx}\right)$$

이 법칙은 다음과 같은 경계 조건(boundary condition)에서 성립한다.

$$Co(x,0) = Co^*,\ \lim_{x \to \infty} C(x,t) = Co^*,\ Co(0,t) = 0 \quad (\text{for } t > 0)$$

시간에 따른 농도 변화 식은 경계 조건 아래에서, 라플라스 변환(Laplace transformation)에 의하여 다음과 같이 표현할 수 있다.

$$\overline{C_o}(x,s) = \frac{C_o^*}{s} + A(s)e^{-\sqrt{s/D_o}x},\ \overline{C_o} = 0$$

이 식을 풀면, $A(s)$ 값이 나오고, 다음과 같이 정리할 수 있다.

$$\overline{C_o}(x,s) = \frac{C_o^*}{s} - \frac{C_o^*}{s}e^{-\sqrt{s/D_o}x}$$

전극 표면에서 산화-환원종의 유속(flux)은 전류와 비례하게 되고, 이를 라플라스 변환을 하면 다음과 같다.

$$-J_o(0,t) = \frac{i(t)}{nFA} = D_o\left[\frac{dC_o(x,t)}{dx}\right]_{x=0} \rightarrow \frac{\overline{i(s)}}{nFA} = D_o\left[\frac{d\overline{C_o}(x,s)}{dx}\right]_{x=0}$$

이에 따라 전류에 대한 식은 다음과 같이 쓸 수 있다.

$$\overline{\imath(s)} = \frac{nFAC_o\sqrt{D}}{\sqrt{s}} \rightarrow i(t) = \frac{nFAC_o^*\sqrt{D}}{\sqrt{\pi t}}$$

이 식에 의하면 전류는 시간의 1/2 승에 비례하여 줄어들고 있는데, 이를 Cottrell 식이라고 한다. 전극 표면의 산화-환원종의 농도 감소와 같은 확산 지배(diffusion controlled) 조건일 때 성립하는 일정 전압 아래에서 전류 식이다.

이때 전류는 산화-환원 전류(faradaic current)를 말하는 것이다. 산화-환원 전류는 전극 계면에서 전해질 쪽으로 또는 반대로 전자를 전달했을 때 흐르는 전류를 말한다. 반면에 충전 전류(nonfaradaic current)는 전극에 전압이 걸렸을 때, 반대 전하를 가진 이온들이 전해질에서 전극 쪽으로 오면서 커패시터 형태를 띠게 되는 상황에서 이온의 이동에 의한 전류이다. 실제로는 전극에서 들어오거나 나가는 전자는 없으므로, 산화-환원 전류와 구분해야 한다. 충전 전류는 다음과 같은 식으로 쓸 수 있다(q: 전하량, $E(C)$: 전극 계면 이중층에 걸리는 전압, C_d : 이중층 커패시턴스).

$$q = C_d E(C)$$

전극의 이중층 커패시터와 전자 전달을 할 때 걸리는 저항(R)에 걸리는 전압(E)은

$$E = E(R) + E(C) = IR + \frac{q}{C_d}$$

$$\frac{dq}{dt} = \frac{-q}{R(s)C(d)} + \frac{E}{R(s)}$$

초기 충전되지 않은 상태($q = 0$ at $t = 0$)의 커패시터일 때, 이 식을 풀면

$$q = EC(d)[1 - e^{-t/R(s)C(d)}]$$

이 식에 의하면 일정 전압을 주었을 때 충전 전류는 exponentially 줄어들고 있음을 알 수 있다. 그림 5.10은 전극에 일정 전압을 걸었을 때 충전 전류와 패러데이 전류를 비교하여 나타낸 그래프이다.

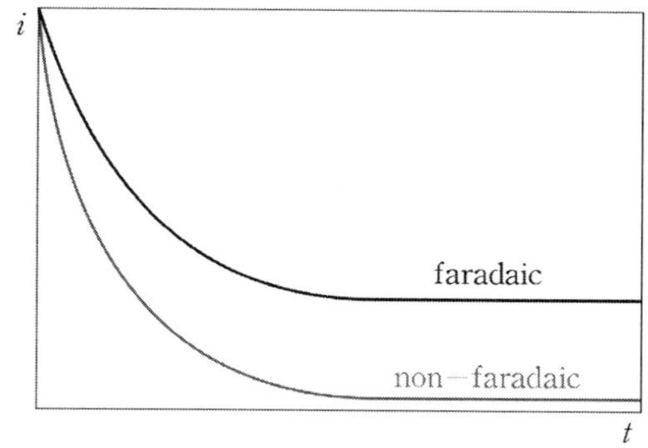

그림 5.10 일정 전압하에서 충전 전류와 패러데이 전류

4 평면 고체 전극에 일정 전류를 입력으로 주었을 경우의 전압 신호

우선 반응이 가역적인 산화-환원 반응이고, 전극이 전자를 주고받는 속도가 충분히 큰 경우로 한정 짓는다. 일정 전압을 입력으로 주었을 때와 마찬가지로, 작업 전극에 일정 전류를 주었을 경우, 전극 주변의 산화-환원종의 농도는 시간에 따라 감소할 것이다. 벌크 쪽 농도는 처음 넣어준 농도로 반응 초기에는 변함이 없으므로, 확산에 의하여 물질은 전극 근처로 이동해야 한다.

따라서, 시간에 따른 농도의 변화는 일정 전압을 준 경우와 마찬가지로, Fick의 제2 법칙으로 나타낼 수 있다.

$$\frac{dC_o(x,t)}{dt} = \frac{d}{dx}D\left(\frac{dC_o(x,t)}{dx}\right)$$

일정 전류를 흐르게 설치한다는 것은 무엇일까? 전극 반응 속도가 충분히 빠르다고 전제했을 때, 전류를 일정하게 한다는 것은 전극 주변의 거리에 따른 물질의 농도를 일정하게 한다는 것이다. 즉, 전극으로부터의 거리(x)가 0일 때의 산화종과 환원종의 농도비는 일정하게 된다. 작업 전극에 일정 전류를 주고 전압을 측정하는 경우이므로, 다음과 같이 Nernst 식을 생각할 수 있다.

$$E_{\text{cell}} = E^{\circ}{}_{\text{cell}} + \frac{RT}{nF}\ln\frac{[Red]}{[Ox]} = E^{\circ}{}_{\text{cell}} + \frac{RT}{nF}\ln\frac{C_o(0,t)}{C_R(0,t)}$$

여기서 $\dfrac{C_O(0,t)}{C_R(0,t)}$의 값이 일정하게 되므로, E_{cell}도 측정할 수 있다.

작업 전극에 일정한 크기의 환원 전류를 주어서, 전극 근처에서 O + e → R의 환원 반응이 일어난다고 하자. 산화종(O)이 환원종(R)으로 변하면서 전극 근처의 산화종(O)의 농도는 줄어들겠지만, 벌크에서 산화종이 확산되어 오면서 $\dfrac{C_O(0,t)}{C_R(0,t)}$ 값은 당분간 일정하게 유지된다. 이때는 측정 전압도 일정 값이 나올 것이다. 그림 5.10은 일정 전류를 주었을 때 시간에 따라 나오는 측정 전압 그래프이다. 값이 일정하게 유지되는 동안에는 전압도 일정 값이 나오지만, 어느 시간이 지나면 전압이 갑자기 변하게 된다. 여기서 다시 기억해야 하는 것은 그림 5.11과 같이 일정 전류에 따라 전압이 측정되는 경우는 가역적인 산화-환원 반응으로, 전극과 산화-환원종 사이에 전자를 주고받는 속도가 충분히 크다는 것이다.

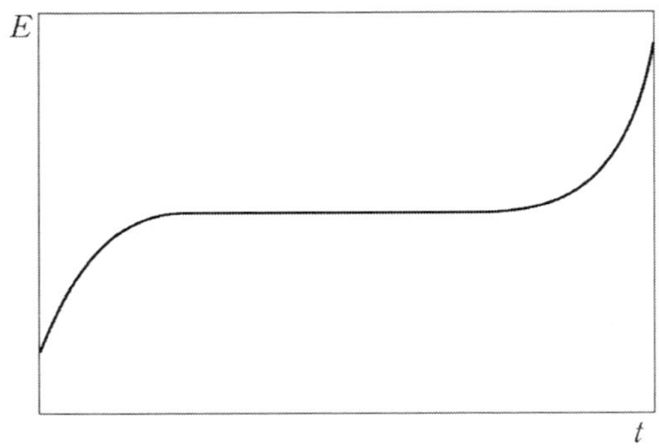

그림 5.11 일정 전류하에서 시간에 따라 측정되는 전압 그래프

5 Sampled-current voltammetry

일정 전류하에서 전압을 측정하는 방법을 전압-전류법(voltammetry)이라고 한다. 그중에서 특정 시간의 전류를 sampling하는 조건에서 측정하는 방법을 sampled-current voltammetry라고 한다. 이때 가역 반응 및 전극 계면에서 전자 이동 속도가 충분히 빠른 경우를 대상으로 한다. 그림 5.12는 서로 다른 전압을 일정하게 가했을 때, 시간에 따른 전류 변화 그래프이다. 전류가 급격히 감소하다가 일정 값을 갖는 구간으로 들어가는 특정 시간(τ)의 전류 값을 뽑아서(sampling), 해당 전류와 전압에 대한 그래프를 그릴 수 있다.

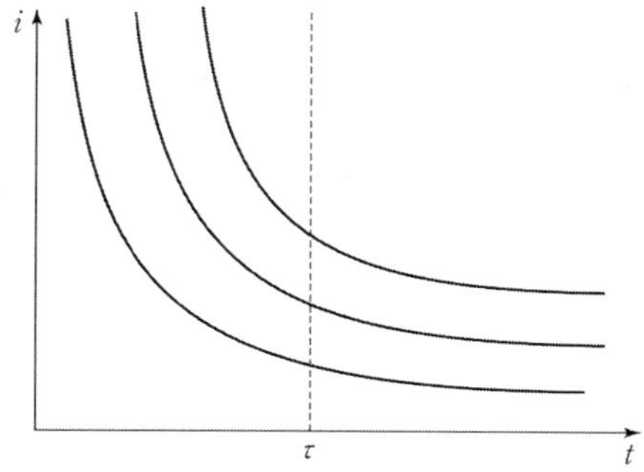

그림 5.12 전형적인 sampled-current voltammetry 그림

예를 들어 전기화학 셀($[Fe(CN)_6]^{4-}$ 1 mM)의 작업 전극 백금에 일정 전압 ocp, 0.2 V, 0.3 V, 0.4 V, 0.5 V를 각각 가해서 산화 반응을 진행한다고 해보자. 이때 특정 시간(τ)의 전류 값이 각기 걸어준 전압(ocp, 0.2 V, 0.3 V, 0.4 V, 0.5 V)에 대하여 차례대로 0 μA, 1 μA, 3 μA, 4 μA, 4.2 μA가 된다고 하면 전류(*x*축) vs. 전압(*y*축) 그래프는 그림 5.13과 같다.

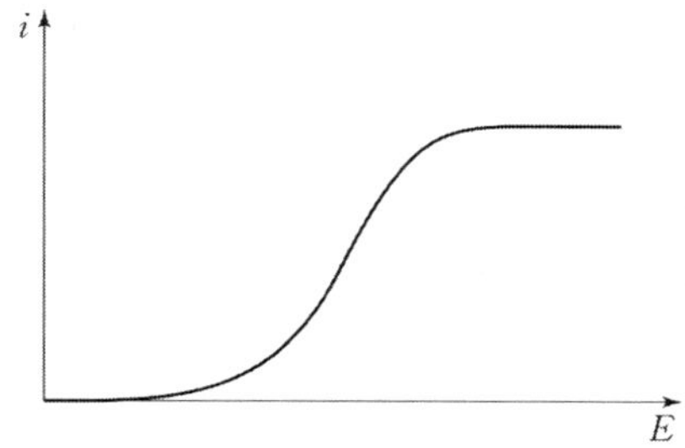

그림 5.13

그림 5.13에서 보듯이 전압이 높아져도 더 이상 전류가 증가하지 않고 일정 값을 유지한다. 그 이유는 전극 계면에 있는 $[Fe(CN)_6]^{4-}$의 농도가 소진되면서 벌크에 있는 $[Fe(CN)_6]^{4-}$의 확산에 전류의 크기가 의존하기 때문이다. 이때의 전류는 해당 농도에서 최대 전류가 되어 limiting current 로 i_L 또는 i_d라고 표현할 수 있고, 전류와 전압에 대한 관계식은 다음과 같다.

$$E = E^{\circ\prime} + \frac{RT}{nF}\ln\sqrt{\frac{D_R}{D_O}} + \frac{RT}{nF}\ln\frac{i_d(\tau) - i(\tau)}{i(\tau)} = E_{1/2} + \frac{RT}{nF}\ln\frac{i_d(\tau) - i(\tau)}{i(\tau)}$$

여기서 D_R, D_O는 각각 환원종과 산화종의 확산 계수이고, $i(\tau)$는 시간 τ에서의 전류 값이다. 이 실험 세팅에서 상수 값을 따로 표현하면 $E_{1/2}$이 되는데, 이는 현재 흐르는 전류(i)가 limiting current의 반이 되었을 때($i = \frac{1}{2} i_d$)의 전압이 되므로 half-oxidation potential이라고 한다.

6 전압 훑음에 의한 전류 측정

작업 전극에 전압을 줄 때 시간에 따라 변화시킬 수 있는데, 이것을 전압 훑음(voltage sweep)이라고 한다. 다음은 시간에 따른 전압에 관한 식이다.

$$E = E_1 \pm vt$$

여기서 v는 전압 변화 속도(mV/sec, 스캔 속도(scan rate))이고, E_1은 초기 전압이다. 이 식에서 $E = E_1 - vt$인 경우는 시간에 따라 전압이 마이너스 방향으로 가는 경우이다.

예제 8 전압을 시간에 따라 스캔한다고 하자.

(a) 0 V에서 시작하여 1 V까지 100 mV/s의 속도로 스캔하면 0 ~ 1 V까지 가는데 몇 초가 걸리는가?

(b) 0 V에서 시작하여 1 V까지 100 mV/s의 속도로 갔다가 다시 0 V로 돌아오는데 걸리는 시간은?

(c) 0 V에서 시작하여 1 V까지 100 mV/s 의 속도로 갔다가 다시 0 V로 돌아오는 시간에 따른 전압을 그래프로 그리시오(x축: 시간(sec), y축: 전압(V))

예를 들어 다음과 같이 페리사이아나이드($[Fe(CN)_6]^{3-}$) 1 mM의 산화, 환원 반응에서 전압 훑음으로 전압을 걸어준다고 해보자(전극의 전자 전달 속도는 충분히 빠르다).

$$[Fe(CN)_6]^{3-} + e \rightleftarrows [Fe(CN)_6]^{4-} \quad E^\circ = +0.36 \text{ V}$$

작업 전극의 전압이 표준 환원 전위보다 환원 전압 쪽으로 지나서 0.1 V로 갈수록 환원 전류는 일단은 증가하게 된다. 하지만 동시에 전기화학 셀에 넣어준 페리사이아나이드는 전극 주변에서 농도가 줄어들고 페로사이아나이드($[Fe(CN)_6)]^{4-}$)로 변하면서, 확산에 의하여 벌크에 있는 페리사이아나이드가 전극 근처로 오는 질량 이동이 일어나게 된다.

하지만, 전압이 0.1 V 근처로 가서 환원 과전위가 세게 걸릴 수록, $[Fe(CN)_6)]^{3-}$의 확산 속도가 전극 계면에서 환원되는 속도를 따라잡지 못하게 된다. 결국 전극에서 $[Fe(CN)_6)]^{3-}$에 의한 환원 전류는 줄어들기 시작하는데, 줄어들기 전에 환원 전류가 최대치로 나오는 전류와 전압을 피크 전류(peak current) 및 피크 전압(peak volatage)이라 한다.

Fick의 제2 법칙을 전압 훑음에 대해서 경계 조건을 주고 미분방정식을 풀게 되면 피크 전류를 다음과 같이 구할 수 있다.

$$i_p = 2.69 \times 10^5 \cdot n^{3/2} A\, D^{1/2}\, C^* v^{1/2}$$

n은 $[Fe(CN)_6)]^{3-}$ 1몰이 환원될 때 필요한 전자의 몰수이고, A는 전극의 면적, D는 $[Fe(CN)_6)]^{3-}$의 확산 속도이다. C^*는 처음 넣어준 $[Fe(CN)_6)]^{3-}$의 벌크 농도, v는 전압 스캔 속도이다.

환원 전류(cathodic current)는 전압으로 보면 마이너스 쪽으로 전압을 스캔하는 경우이고, 환원 전극은 도선을 통해 오는 전자를 받게 되므로 + 극이라고 생각한다. 따라서 환원 전류는 부호가 +가 된다. 일반적으로 전기화학에서는, 전압 훑음의 전압-전류 곡선을 그릴 때 오른쪽은 환원 전압(cathodic voltage, −), 왼쪽은 산화 전압(anodic voltage, +)으로 그래프를 그린다(그림 5.14). 이런 그래프를 순환 전압-전류 그림(cyclic voltammegram)이라고 한다.

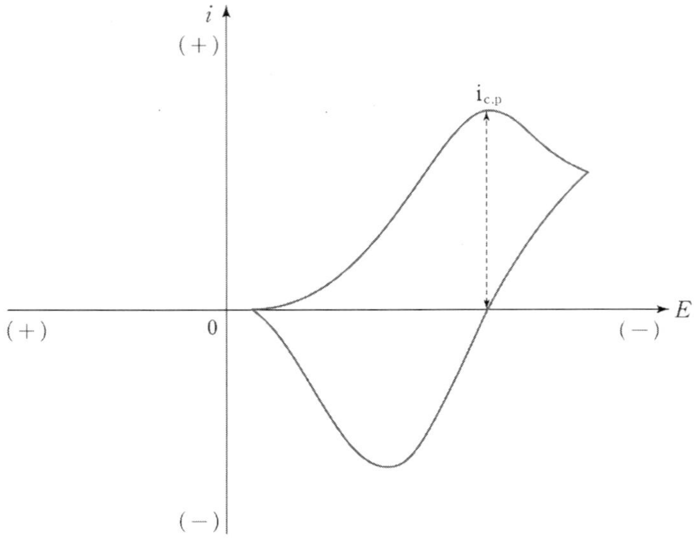

그림 5.14 순환 전압-전류 그림의 일반적인 형태

전극 표면에 있는 $[Fe(CN)_6)]^{3-}$의 농도가 0이 되는 시점을 넘어서까지 환원 전압을 걸다가 전압 훑음의 방향을 바꾸면, 전극 주변에서 $[Fe(CN)_6)]^{3-}$의 농도는 서서히 증가하고 반대로 $[Fe(CN)_6)]^{4-}$의 농도는 감소하게 된다. 전압의 스캔에 따른 전류 그래프가 그림 5.14와 같이 나타나는 이유는 전극에서의 전자 전달 반응 속도가 충분히 빠르다고 하면, 전극 표면으로부터 확산층(diffuse layer)에서 나타나는 산화종과 환원종의 농도 변화 때문이다.

$[Fe(CN)_6)]^{3-}$의 환원 반응에서 환원 전압을 주다가 전압 훑음의 방향을 바꾸면, 어느 정도 시간이 넘어서면 산화 전압이 걸리게 된다. 이때 전극으로부터 거리(x축)와 $[Fe(CN)_6)]^{3-}$ 농도(y축)의 그래프를 그려보고자 한다. 그래프 위에 시간에 따라 농도가 어떻게 변하는지 각 시간에 따른 4개의 그래프를 거리(x축) vs. 농도(y축) 하나의 그래프 안에 함께 그리려면 어떻게 해야겠는가?

$$[Fe(CN)_6]^{3-} + e \underset{k_f}{\overset{k_c}{\rightleftarrows}} [Fe(CN)_6]^{4-}$$

이 반응에서 네른스트 식에 의한 기전력은 다음과 같다.

$$E_{cell} = E°_{cell} - \frac{RT}{nF}\ln\frac{a_R}{a_O} = E°_{cell} - \frac{RT}{nF}\ln\frac{\gamma_R}{\gamma_O} - \frac{RT}{nF}\ln\frac{[Red]}{[Ox]} = E°'_{cell} - \frac{RT}{nF}\ln\frac{[Red]}{[Ox]}$$

여기에서 a_O는 산화종(O)인 $[Fe(CN)_6]^{3-}$의 활동도이고, a_R는 환원종(R)인 $[Fe(CN)_6]^{4-}$의 활동도이다. γ_R, γ_O는 각각 환원종과 산화종의 이온 활동도이다. 표준 환원 전위(E°_{cell})에 각 이온의 활동도의 식이 포함된 전위를 형식 전위($E^{\circ\prime}_{cell}$)라고 한다.

실험할 때는 산화종, 환원종의 몰농도가 1 M일 때 나타나는 기전력은 표준 환원 전위가 아닌 이온 활동도가 포함된 형식 전위가 되므로, 페리사이아나이드의 네른스트 식에서 표준 환원 전위가 +0.36 V이고, 형식 전위는 다른 값을 가지게 된다.

1 mM 페리사이아나이드 수용액의 순환 전압-전류 그림에서 전류가 흐르지 않는 open circuit potential에서부터 형식 전위($E^{\circ\prime}_{cell}$) 쪽으로 전압을 스캔할 때, 형식 전위에 도달하기 전까지는 약간의 충전 전류가 흐른다. 환원 전압 쪽을 전압 스캔 시 형식 전위를 넘어서부터 페리사이아나이드 산화종(O)의 환원 전류가 흐르기 시작한다. 최종적으로 페리사이아나이드의 환원 반응에서 환원 전압 쪽으로 전압 스캔 시 전극으로부터의 거리와 시간에 따른 페리사이아나이드 산화종의 농도는 그림 5.15와 같이 나타낼 수 있다.

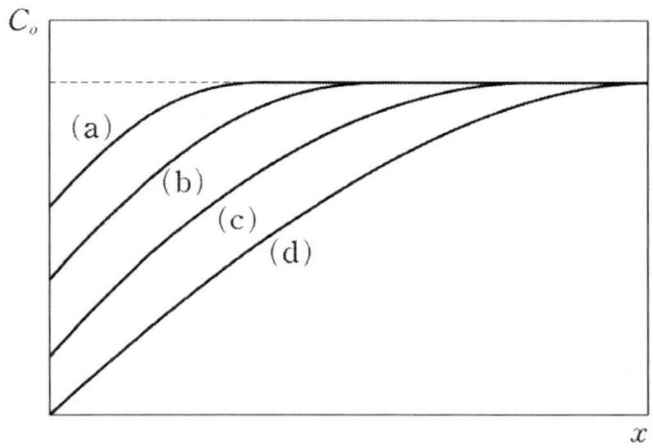

그림 5.15 페리사이아나이드의 환원 반응에서 환원 전압 쪽으로 전압 스캔 시 전극으로부터의 거리와 시간에 따른 페리사이아나이드 산화종의 농도

그림 5.15에서 (a) → (b) → (c) → (d) 그래프로 갈수록 실험 시작 후 시간이 커지는 것이다. 전압을 일정 속도로 스캔하는 과정이므로 (a) → (b) → (c) → (d) 그래프로 갈수록 전압도 환원 전압 쪽(+0.36 V보다 마이너스 전압 방향)으로 세게 걸리고 있다.

$$E = E_i - vt$$

(E_i: 전압 스캔 시작 전압, v: 스캔 속도(mV/s), t: 시간(초, sec))

이때 흐르는 환원 전류를 시간에 따라 산화종의 농도 변화에 비례하므로 결국 그림 5.13에서 농도 기울기가 가장 큰 (c)에서 가장 큰 환원 전류를 가지게 되고, 이때가 피크 전류가 된다.

페리사이아나이드의 순환 전압-전류법 실험을 위해 전기화학 셀을 다음과 같이 구성한다고 하자.

용액: 5 mM $K_3Fe(CN)_6$ in 0.1 M KCl 수용액
작업 전극: Glassy carbon
기준 전극: Ag/AgCl
상대 전극: Pt 코일 전극
전압 시작: +0.6 V (vs Ag/AgCl)
전압 스캔 범위: +0.6 V (vs Ag/AgCl) ↔ −0.1 V (vs Ag/AgCl)
전압 스캔 속도: 10 mV/s

이 실험을 진행할 경우 환원 피크 전압(E_p)은 +0.25 V, 산화 피크 전압(E_a)은 +0.33 V가 되었다. 이 실험에서 +0.25 V를 넘어 −0.1 V로 갈수록 페리사이아나이드 산화종의 환원으로 생성된 페로시아나이드 환원종이 확산층 내에 쌓이게 되면서 페로시아나이드는 벌크쪽으로 확산을 한다.

예제 9 페리사이아나이드 순환 전압-전류법 실험 결과를 아래 그래프에 그려보고, 형식 전위가 어느 전압 근처에 있을지 표시하시오.

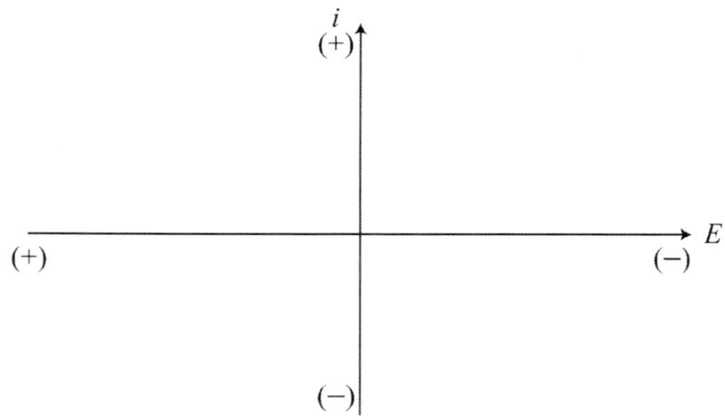

처음 전압을 환원 전압 쪽으로 할 경우, 환원 전류는 y축이 0인 지점을 기준으로 측정하면 된다. 전압의 방향을 바꾸어 산화 전압 쪽으로 돌아올 경우, 산화 전류 측정을 위해서는 그래프에서 기준선(baseline)을 잘 잡아야 한다.

전압 훑음에 따른 전류(i)를 측정하는 식은 매우 복잡하므로 스캔 속도, 농도, 확산 속도에 따라 다음과 같이 간단히 정리할 수 있다.

$$i_p \propto \sqrt{v}$$

$$i_p \propto \sqrt{v}$$

$$i_p \propto C_R^* \text{ 또는 } i_p \propto C_O^*$$

전압 훑음에서는 스캔 속도의 제곱근에 비례하여 피크 전류(i_p)가 커진다.

산화 전류나 환원 전류의 피크 전류로 측정될 때의 전압을 E_p라고 할 때, 전류가 0일 때의 전압부터 E_p에 해당하는 전위에서 중간에 위치한 전압을 $E_{1/2}$라고 한다. 즉, 피크 전류의 반에 해당하는 전류에 해당하는 전압이 $E_{1/2}$인데, 이는 형식 전위와 같은 값을 갖는다고 봐도 된다.

전극과 산화-환원 종 사이에 주고받는 전자의 속도가 충분히 빠른 경우를 전기화학에서는 가역반응(reversible reaction)이라고 한다. 가역 반응의 경우에 산화 피크 전류에서의 전압 E_{pa}와 환원 피크 전류에서의 전압 E_{pc}의 차이는 다음과 같다.

$$E_{pa} - E_{pc} = \frac{57.0}{n} \text{ mV}$$

한편, 전극과 산화-환원 종 사이의 전자 이동 속도가 상대적으로 느려서 전기화학에서 비가역 반응인 경우, 전자 이동 속도(electron transfer rate)가 느리다는 것은 어떻게 설명할 수 있을까? 비가역 반응에서 다음 식은 환원 전류(cathodic current, O + e → R)에 대한 식이다.

$$i_c = nF \cdot k_c \, [\mathrm{O}]_{x=0}$$

전자 이동 속도가 느리다는 것은 환원 반응 측면에서 볼 때 환원 반응의 속도가 느리고, 반응 속도 상수(k_c)가 작다는 의미이다. 즉, 전극 주변에서 산화종(O)이 소멸되는 환원 반응 시, 산화종의 농도는 쉽사리 0으로 가지 않을 것이다. 같은 전압이라면 가역 반응보다 비가역 반응에서 흐르는 전류 크기는 작아진다. 또한 환원 전류 최대치에 도달하기 위해서는 가역 반응 환원 반응보다 더 큰 전압을 가해야 한다. 따라서, 산화 피크 전류에서의 전압 E_{pa}와 환원 피크 전류에서의 전압 E_{pc}의 차이($E_{pa} - E_{pc}$)는 57 mV/n보다 더 큰 값을 갖는다.

위에서 본 경우는 모두 전기화학 셀에 전극을 고정하고 전해질 용액을 휘저어주지 않은 상태이므로, 전극 주변과 벌크에서 산화종 또는 환원종의 농도 차이가 생겼을 때, 확산을 고려해야 했다. 만일 실험 내내 전극 주변과 벌크의 산화종 또는 환원종의 농도를 같게 하기 위해서는 전해질 용액을 저어주면 된다. 이 원리를 이용한 것이 회전 원판 전극(rotating disk electrode, RDE) 세팅이다. 이 경우, 벌크 쪽에 있는 산화-환원종이 전극 표면으로 대류(convection)에 의하여 이동하게 되어 전류는 산화 또는 환원을 위한 일정 전압이 지나게 되면 일정 전류를 가지게 된다.

06

임피던스 저항

전기 회로에서 전류의 흐름에 방해가 되는 모든 것을 임피던스(impedance)라고 한다. 임피던스의 요소로는 저항(resistance), 커패시터(capacitor), 인덕터(inductor)가 있다.

1 저항

그림 6.1과 같은 가장 간단한 전기 회로에서 저항(R)의 특징은, 가해지는 전압(E)에 비례하여 전류가 흐른다는 것이다. 즉, 전압과 전류의 관계는 직선 관계(linear)이다. 이때 전압, 전류의 직선 기울기를 결정하는 것이 저항(R)이고, 이 저항은 가해지는 전압의 크기나 방향(− 또는 +)에 따라 변하지 않는다. 이것이 우리가 알고 있는 옴의 법칙(Ohm's law)이다.

$$V = i \cdot R$$

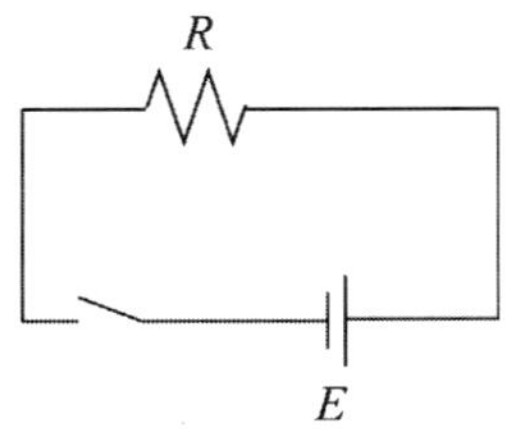

그림 6.1 가장 간단한 전기 회로도

2 커패시터

커패시터는 퍼텐셜 에너지를 전기장 안에 저장하는 도구라고 보면 된다. 여기서 퍼텐셜 에너지는 중력장 안에서의 위치 에너지와 비슷하다고 생각할 수 있다. 보이지는 않지만 일을 할 수 있는 능력을 가지고 있다. 커패시터는 2개의 도체를 전극으로 사용하여 두 전극을 평행하게 사이 거리를 띄워 유전체(dielectric)로 채운다.

물질을 이루는 분자들이 극성이 있을 경우, 전기장을 걸지 않았을 때 무질서한 방향으로 있던 분자들이 +, − 전기장을 걸어주면 분자들의 극성에 따라 일정한 방향으로 배열된다. 배열이 어느 정도 달라지는지를 말해주는 것이 유전율이다. 극성 분자(dipolar molecules)의 경우, kHz ~ MHz 범위의 전압 바뀜에서 회전(rotational movement)이 일어나고, 이온은 Hz ~ kHz 범위에서 자리 이동(displacement)이 일어난다.

직류 전압을 주었을 때, 이상적인 유전체를 가운데 둔 커패시터에는 전류가 흐르지 않고 한쪽 전극에 $+q$만큼의 전하가 저장되며, 다른 쪽 전극에는 $-q$만큼의 전하가 저장된다. 이상적인 유전체(ideal dielectric)는 자유전하가 없는 부도체(insulator)로 에너지를 저장한다. 이때 에너지가 얼마나 저장되느냐는 전극의 구조(geometry)에 따라 달라지고 이것을 커패시턴스(capacitance)라고 한다.

$$Q = CV \text{ (}V\text{: 전위차, }C\text{: 커패시턴스, }Q\text{: 전하)}$$

$$C = \epsilon_0 \frac{A}{d} \text{(}A\text{: 전극 면적, }d\text{: 전극 사이 거리,}$$

$$\epsilon_0 = \text{진공 유전 상수(permittivity constant, } 8.85 \times 10^{-12} \text{ F/m))}$$

즉, 어느 전압 구간에서 전기량 변화가 그림 6.2와 같이 직선적으로 변하면서, 양극과 음극 전극 사이에 유전체(dielectric material, 부도체이면서 전기장에 따라 배열 방향이 바뀌는 극성 분자로 구성됨)로 이루어져 있을 때 축전기(capacitor)가 된다.

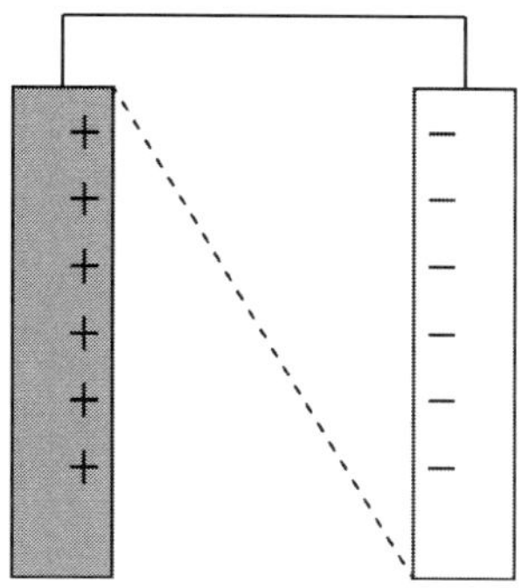

그림 6.2 축전지의 형성 모식도

그림 6.3은 저항과 커패시터가 직렬로 연결된 회로이다. 넣어주는 직류 전압에 대해 신호로 나오는 전류의 비가 저항으로 real impedance라고 한다면, 교류 전압을 주고 회로가 에너지를 저장하는 능력을 imaginary impedance로 표현해주는 분석 장치를 임피던스 분석이라고 한다.

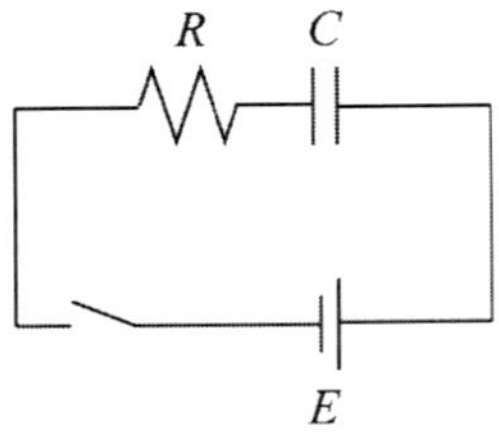

그림 6.3 저항과 커패시터의 직렬 회로

3 인덕터

배터리를 연결하지 않은 도체 코일 안으로 자석(magnet)을 넣었다 뺐다 하면서 움직이게 되면, 코일에 전류가 흐른다는 것을 알게 된다(1831년 마이클 패러데이). 자석의 N극과 S극의 방향을 바꾸어 같은 실험을 하게 되면 전류의 흐름은 반대가 된다. 이때 흐르는 전류를 유도 전류(induced current)라고 한다. 이 전류는 유도 전자 운동(induced electromotive force)에 의하여 발생한다.

예제 1 패러데이의 유도 전류 실험에서 전류가 흐르는 첫 번째 도체 코일을 배터리가 연결되지 않은 두 번째 도체 코일(전류 측정)에 가까이 가져가면 전류가 흐른다. 그 이유를 간단한 그림을 그려 생각해 보시오.

인덕터는 자석의 움직이는 자기장을 밀어내는 방향으로 코일 안에 자기장이 생기면서 전류가 흐르는 것이다(Lenz's law). 이때 형성되는 자기장은 코일을 감은 수(N)에 비례하며, 인덕턴스(inductance)는 다음 식과 같다. 여기서 ϕ는 자기 유속(magnetic flux)이다.

$$L = \frac{N\phi}{i}$$

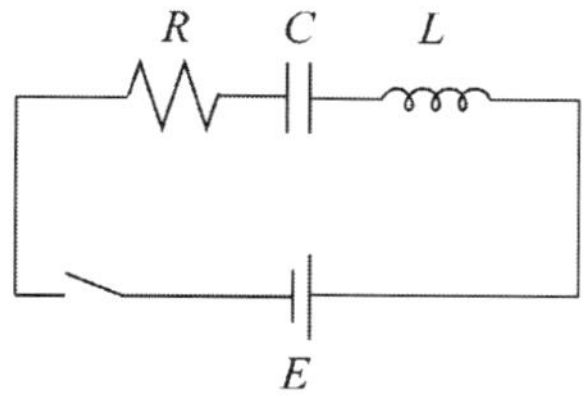

그림 6.4 저항-커패시터-인덕터를 직렬로 연결한 회로도

전기화학 셀에서 전자가 이동할 때, 전극 계면에서의 전자의 이동 시 전기 회로의 각 요소에 빗대어 나타낼 수 있는데 이것을 동등 회로(equivalent circuit)라고 한다. 전극 소재와 계면에서의 전자 이동 속도 및 계면 구조에 따라 동등 회로가 달라지므로, 배터리나 연료 전지에서 동등 회로를 구함으로써 각 소재와 구조에 따른 전자의 이동을 분석하고 예측한다. 이를 전기화학적 임피던스 분석(electrochemical impedance analysis)이라고 한다.

4 임피던스 측정

전기화학 셀에서 전극 계면 전자 이동을 얼마나 자세히 정의할 수 있느냐에 따라 전기화학 셀의 전체 성능에 영향을 미치게 되므로 임피던스 측정은 중요한 분석방법의 하나가 된다.

임피던스 측정을 위해서는 전극에 전압을 주는데, 일정 전압이나 전압을 훑음(sweep)으로 주는 방식은 모두 직류 전압을 주는 경우이다. 전기 회로에서도 커패시터, 인덕터에 흐르는 전류를 변화시키기 위해서는 교류 전압이 필요하다. 교류 전압을 입력으로 넣어준다는 것은 기준 전압을 중심으로 위 아래로 10 mV 정도의 변화를 주어 그때 나오는 전류를 측정하는 방식이다. 교류 전압이 시간에 따라 전압의 크기가 주기적으로 변하므로 전압의 입력은 다음과 같고, 그 파형을 그림 6.5(a)에 나타내었다.

$$V(t) = V_{\max} \cdot \sin\theta = V_{\max} \cdot \sin(wt)$$

이 식에서 w는 각속도 주파수, 즉 1초에 움직이는 라디안 각도로 $w = 2\pi \cdot f$이며, 단위는 radians/seconds이다. f는 진동수이다.

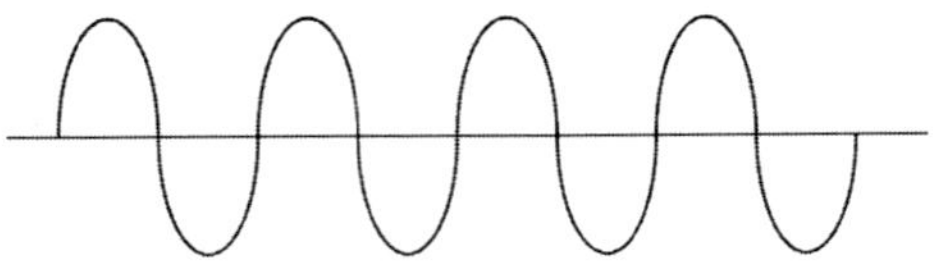

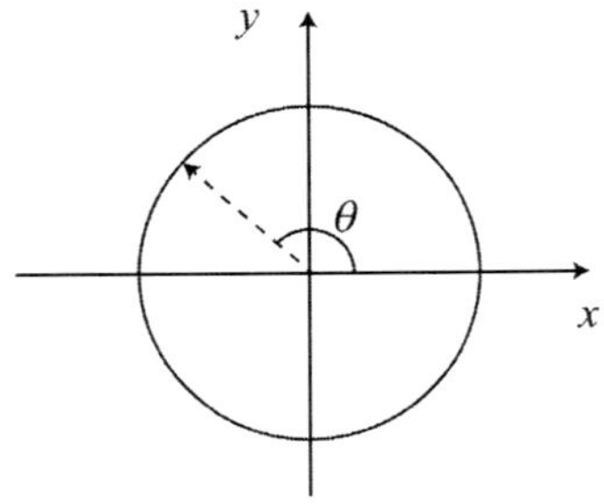

그림 6.5 (a) 교류 전압 입력의 파형, (b) 각속도의 표현

교류 전압을 줄 때 변화시킬 수 있는 요소는 진동수(frequency)이다. 즉 10 mV의 변화를 1초에 10^5번(10^5 /s 또는 10^5 Hz)을 줄지 1번(1 /s 또는 1 Hz)을 줄지를 변화시키는 것이다. 진동수가 1초에 10^5번인 경우는 거의 직류 전압에 가깝게 되므로 고주파에서는 전자 이동에서 저항의 요소를 따로 구분할 수 있게 된다.

즉, 교류 전압을 줄 경우 출력으로 나오는 전류의 위상(phase)에 따라 저항(R), 커패시터(C), 인덕터(L) 각 요소를 구분할 수 있다. 위상이 다르다는 것은 입력 전압에 출력 전류가 90°만큼 늦게 측정되거나(인덕터의 경우), 90°만큼 일찍 측정이 되는 경우(커패시터의 경우)를 말한다. 저항 성분은 전류가 전압과 같은 위상을 가지고 있다.

임피던스 측정 장치는 보통 10^6 ~ 10^{-4} Hz의 주파수를 가진 교류 전압을 고주파수부터 저주파수까지 스캔(scan)하여 입력으로 넣어주고, 출력으로 임피던스 신호를 받아 데이터로 처리한다.

전극 계면에서의 전자 전달을 전기 회로의 성분으로 나타낸 것을 동등 회로라고 하는데, 전극의 종류나 계면의 성분 또는 산화-환원종에 따라 반응하는 전극의 양상에 따라 동등 회로에서 각 임피던스 성분이 나타나게 된다.

예제 1 아래의 주파수는 전압 입력을 나타낸 것이다.

(a) 아래 그림 위에 각 성분(저항(전류-1), 커패시터(전류-2), 인덕터(전류-3))의 전류 출력을 그리시오(전류 출력 봉우리의 높낮이는 임의로 정하면 된다).

(b) 전기 회로에서 커패시터, 인덕터 성분은 입력 전압과 왜 위상이 달라지는가?

예제 2에서 임피던스 각 성분에 대한 전류 출력은 그림 6.6과 같다. 저항 성분에 대해서는 위상차가 존재하지 않지만, 커패시터와 인덕터 성분에 대해서는 위상차가 존재하는 것을 알 수 있다.

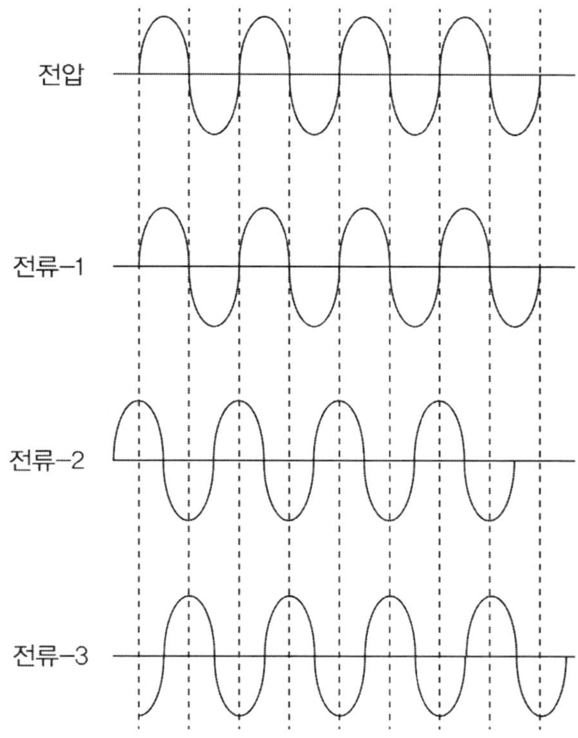

그림 6.6 예제 2에서의 출력 전류

그림 6.7은 Butler-Volmer 식에 따라 그린 산화 전극에서의 과전위(overpotential)와 전류 곡선이다. 0.4 V에서 10 mV 교류 전압을 준다고 할 때, 전류를 표시한 것이다.

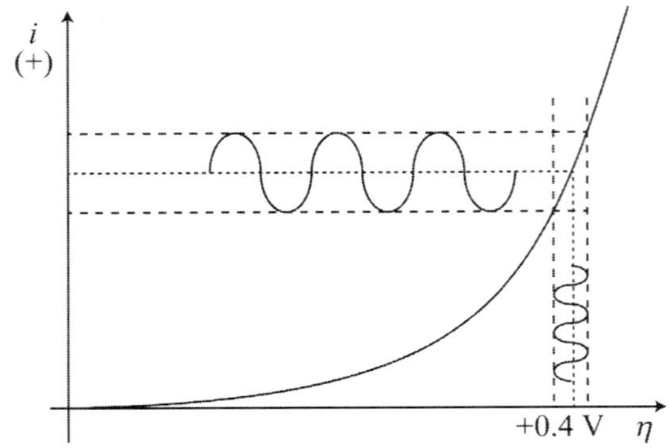

그림 6.7 산화 전극에서 과전위와 전류의 곡선

전압을 일정 전압 기준으로 위아래로 흔들어 주면 진동수(frequency)에 따라서 전자 전달에서 나오는 임피던스의 성분(저항, 커패시턴스, 인덕턴스)을 얻을 수 있다. 임피던스 측정에서 입력 전압의 진동수를 변화시키면서 총 3개의 성분을 분리하여 평면에 표현하기 위해 그림 6.8과 같은 좌표를 사용한다.

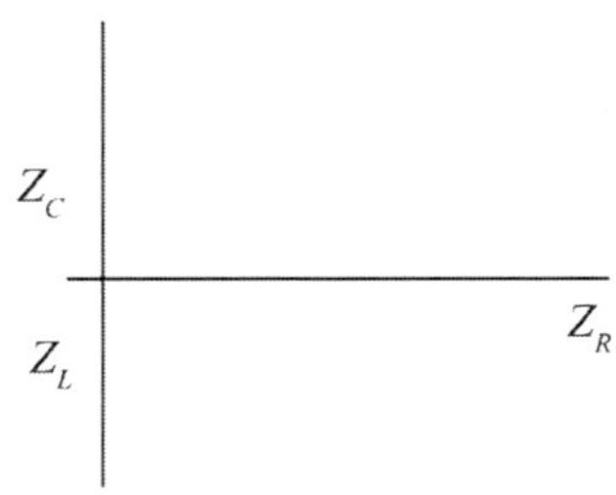

그림 6.8 임피던스 성분의 분리하여 저항(Z_R), 커패시턴스(Z_C), 인덕턴스(Z_L)로 나타내기 위한 좌표

x축 좌표는 저항(Z_R)의 크기, 0보다 큰 y축 좌표는 커패시턴스(Z_C), 0보다 작은 y축 좌표는 인덕턴스(Z_L)로 표기한다. 출력으로 나오는 전류를 분석하여 세 가지 성분의 크기와 방향으로 표시하면 임피던스는 벡터 성분으로 나타나게 된다. 복잡하지 않은 전기화학 반응에서 전자 전달은 보통 저항과 커패시턴스 성분으로만 나타나는 경우가 대부분이다.

각 진동수에서 나타나는 성분은 저항, 커패시턴스, 인덕턴스 성분이 함께 섞여 있고, 전체 임피던스를 나타낼 때는 원점으로부터의 각 좌표 벡터 크기의 절댓값으로 나타낸다. 임피던스 측정 결과를 나타낼 때는 다음과 같이 실수부(Z')와 허수부(Z'')로 나타내고, 단위는 ohm(Ω)이다.

$$Z = Z' + jZ''$$

실수부에는 교류 전압과 무관한 저항(resistance)만 포함되어 있다. 허수부에는 교류 진동수에 따라 변하는 커패시턴스와 인덕턴스 성분이 포함되어 있다. 각 진동수에서의 전체 임피던스(Z)는 다음과 같다.

$$|Z|^2 = |Z'|^2 + |Z''|^2$$

5 임피던스 데이터의 의미

임피던스는 전기화학 셀에서 전극으로부터 전해질 용액에 있는 산화-환원종으로 전자를 주거나 받는 데 얼마만큼의 저항이 있는지를 나타내며, 그 저항의 성분이 저항에 의한 것인지, 커패시턴스 또는 인덕턴스 성분에 의한 것인지를 분석할 수 있다. 이를 통해 전극-전해질 간 계면에서의 전자 전달(faradaic current)이 성분이나 구조에 따라 영향을 준다는 것을 분석할 수 있고, 다른 전기화학 분석장치와 함께 이차 전지 등의 성능도 어느 정도 예측할 수 있는 보조 장치가 된다.

전극 반응에서 산화 전류와 환원 전류가 같을 때 겉보기 전류는 측정되지 않는다. 이때 같은 크기를 가지는 산화 전류와 환원 전류를 교환 전류라고 한다. 그리고 이때의 전압이 평형 전압(E_{eq})이다. 겉보기 전류가 흐를 때 가해지는 전압과 평형 전압의 차이를 과전위(overpotential, η)라고 한다(5단원 참고).

$$\eta = E - E_{eq}$$

그리고 이때 흐르는 전류에 대한 식은 다음과 같이 Butler-Volmer 식으로 쓸 수 있다.

$$i = i^\circ[\exp[-\alpha\frac{nF}{RT}(E - E_{eq})] - \exp[(1 - \alpha)\frac{nF}{RT}(E - E_{eq})]]$$

(i°: 교환 전류, α: 전자 이동 계수, R: 기체 상수, T: 절대 온도)

산화 전류가 주로 흐른다고 하면 위 식은 다음과 같이 정리된다.

$$i = i°[\exp[-\alpha \frac{nF}{RT}(E - E_{eq})]$$

과전위의 크기가 10 mV 정도로 매우 작다면 전류는 과전위에 정비례하게 되고, 평형 상태에서 교환 전류에 대한 저항 값은 다음과 같이 정리할 수 있다.

$$R_{CT} = \frac{nF}{RT \cdot i°}$$

(R_{CT}: 전하 전달 저항)

임피던스 측정 장치에서 평형 전압을 걸면서 그 위에 10 mV 교류 전압을 걸어주었을 때 나오는 저항 성분(resistance)이 R_{CT}가 된다. 산화 반응이나 환원 반응이 한쪽으로 치우쳐져 일어나는 과전위를 걸었을 경우, 나오는 저항 성분(resistance)은 R_p로 구분하여 사용한다.

6 동등 회로

예제 3 전기화학 셀에서 임피던스를 측정했을 때, 저항, 커패시턴스 성분만 나오는 전극-전해질 계면의 전자 전달 반응이 있다. 이때의 동등 회로는 아래 왼쪽 그림과 같다.

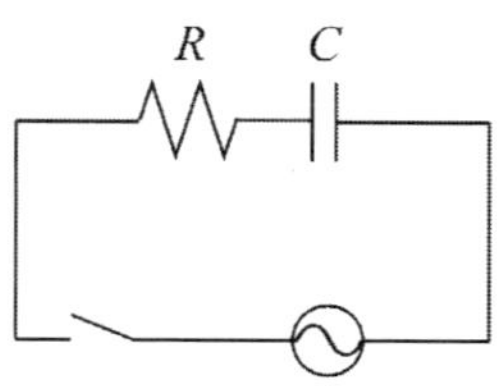

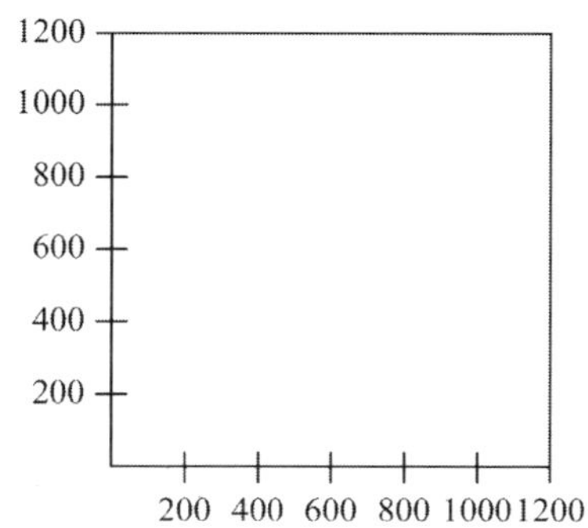

동등 회로에서 주파수를 스캔하며 임피던스를 측정할 때 예상되는 임피던스 그래프의 개형을 위 오른쪽 Z' vs Z'' 그래프에 그리시오(단, R = 200 Ω).

예제 3의 동등 회로에서 저항 R은 전해질 용액에 의한 것으로 보통은 R_s로 표시한다. 축전기 성분과 직렬 연결일 경우, 가장 높은 진동수의 교류 전압에서는 주로 R_s 성분이 나오면서 x 절편(y = 0)의 데이터를 얻을 수 있다. 진동수가 조금씩 낮아지면서 전극-전해질 임피던스 정보가 얻어지는데, 동등 회로에서 축전기 성분이 주로 나타나고 있으므로 전극 계면과 산화-환원종 간의 전자 전달이 아니고, 이온 이동에 의한 축전 전류(capacitive current, non-faradaic current)에 대한 임피던스이다.

예제 3의 그래프에서 주파수가 낮아지면서 y축 데이터가 0보다 커지고, y축과 평행한 그래프 개형이 나타나게 된다. 이때 축전기 성분을 C_{dl}(double layer capacitance)로 표현한다. 교류 전압의 진동수가 낮아지면서 전극 계면에 축전기 성분이 있으면 축전기에 의한 저항 성분이 나타난다. 진동수가 낮아지면, 전극에 + 전하 또는 − 전하가 머무르면서 에너지를 저장하려고 하고 이것으로 인해 저항 성분으로 나타나게 된다.

예제 4 전극 계면에 산화-환원종으로의 전자 전달이 일어날 경우, 예제 3의 동등 회로에는 어떤 변화가 생기겠는가?

동등 회로에서 축전기 성분이 나오는 것은 전압이 걸리면 우선 이온이 전극 계면으로 이동하면서 전기 이중층(electric double layer)을 만들기 때문이다. 이후 전극 계면에서 산화-환원종으로의 전자 전달은 나노미터 간격의 전기 이중층 사이로 걸리는 전압이 열역학적으로 산화-환원종의 비어있는 오비탈(highest occupied molecular orbital, HOMO)과 맞으면 전자가 이동한다. 이때 전자 이동을 방해하는 성분은 저항 성분으로 나타나게 되는데, 교류 전압 주파수에 따라서 축전기 성분이 더 많이 나타날 때도 있고, 전자 이동에 의한 저항 성분이 더 많을 때도 있다. 즉 축전기와 전자 이동 저항 성분이 병렬 회로로 연결된다(그림 6.9).

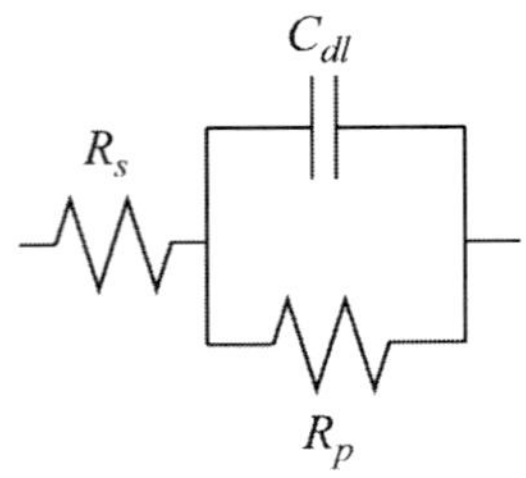

그림 6.9 축전기와 저항 성분이 병렬로 연결된 회로도

전극 계면에서 전자 이동에 관한 저항은 평형 전압을 걸면서 교류 전압을 준 경우, 전자 전달 저항(R_{CT})를 구할 수 있다. 평형 전압이 아니고, 과전위를 걸어 산화 전류나 환원 전류가 어느 정도 크게 흐를 경우 나타나는 전자 이동에 관한 저항은 편극 저항 (R_p, polarization resistance)이 된다.

예제 5 전기화학 셀에서 임피던스를 측정했을 때 인덕턴스의 성분은 나오지 않았다. 아래의 각 진동수에서 x축, y축의 좌표는 (Z_R, Z_C)로 표현된다. 단위는 저항 단위 ohm이다.

(a) 각 진동수(f) 대역에서 좌표 (Z_R, Z_C)가 아래와 같을 때, 좌표에 점으로 표시하시오.

$f_1 = 10^5$ Hz (100, 0), $f_2 = 10^3$ Hz (400, 400),

$f_3 = 10^1$ Hz (600, 450), $f_4 = 1$ Hz (800, 400).

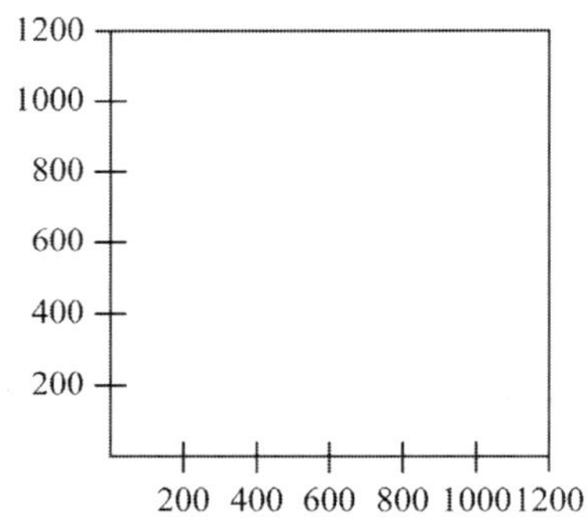

(b) 전자 전달에서 저항과 커패시턴스 성분이 같이 나타날 경우, 그래프 유형은 어떻게 될 것인가?

(c) 이에 해당하는 동등 회로를 그리시오.

단순한 전자 전달을 하는 과정에서 전극과 산화-환원종 사이에는 축전기와 저항 성분의 병렬 회로로 표시할 수 있고, 전극 계면을 다른 물질로 코팅했을 때는 같은 전극 물질일지라도 동등 회로가 달라질 것이다.

임피던스에 대한 성분을 수식으로 나타낼 수 있지만, 본 교재에서는 정성적으로만 이해하도록 하자. 진동수가 100 kHz 정도로 빠를 경우, 커패시턴스 성분은 나타나지 않고, 저항 성분만 보이게 된다. 진동수가 매우 빨라 커패시터가 전압 바뀜을 제대로 반영하지 못하고, 직류 전압이 입력으로 들어왔다고 신호를 잡기 때문이다. 진동수가 1 kHz 수준으로 가면서 커패시턴스 성분이 나타난다.

예제 5에서는 x절편이 2개인 반원 형태의 그래프가 나오는데 반원의 지름 크기가 편극 저항의 크기가 된다.

한편, 전자 전달 속도가 빠를 때 전극 전달 과정에서 중요한 것은 전극 주변의 산화-환원종의 확산이고, 이에 따라 확산에 의한 저항 성분이 임피던스로 나타날 수가 있는데 본 교재에서는 언급하지는 않겠다.

예제 6 아래 그림은 전기화학 셀에서 얻은 임피던스 데이터다. 그래프 (a)는 임피던스의 실수부와 허수부에 대한 데이터로 나이퀴스트 도시(Nyquist plot)라고 한다. 그래프 (b)는 교류 전압의 주파수별 전체 임피던스 크기(그래프 (a)에서 각 점에 대한 벡터의 크기)와 입력 교류 전압과 출력 전류 사이의 위상차(phase shift)를 보여주고 있다.

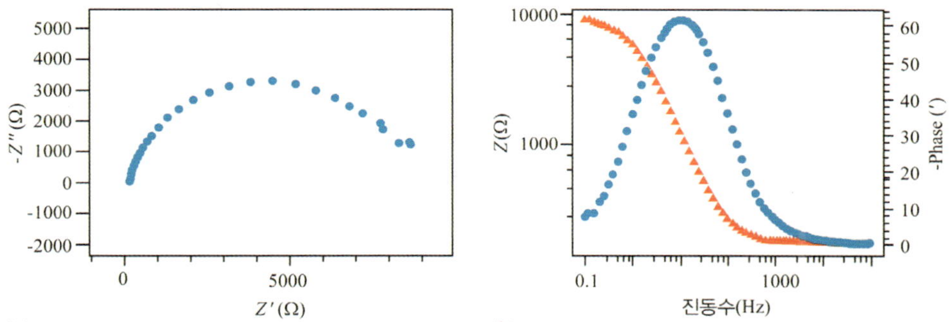

(a) (b)

(a) 두 그래프 중 solution resistance(R_s)에 해당하는 데이터를 구할 수 있는 그래프를 고르고, 그래프에 해당 부분을 표시하시오.

(b) 그래프 (a)에서 편극 저항(R_p)은 대략 어느 정도 되는지 구하시오.

예제 6의 그래프 (a)에서 완전한 반원이 되지 않고, 오른쪽 끝부분의 반원에서 x값이 증가하면서 y값이 증가하려는 경향을 보이는 이유는 무엇일까? 즉, 완벽하게 반원이 되지 않고 저주파수 데이터(오른쪽 반원 끝부분)에서 다른 형태가 나오려고 한다. 전극 계면 전자 전달이 충분히 빠른 경우, 저주파수 영역에서 산화–환원종의 확산이 속도 결정 단계가 된다. 이 경우 확산에 의한 저항(Warburg impedance)이 지배하게 되면서 45° 기울기의 직선이 저주파수에서 나타나는 것이다.

또한 그래프 (b)의 주파수 vs. 위상차 그래프를 보면, 고주파수에서 위상차는 0이다. 나이퀴스트 도시에서 보면, 위 임피던스의 동등 회로에는 저항과 커패시턴스 성분이 병렬로 연결되어 있다.

고주파수에서는 축전기 성분이 교류 전압을 직류로 착각하기 때문에(+극, −극 변경 속도가 매우 빨라 전하가 나누어지면서 에너지를 저장할 수 없다) 축전기 성분 저항이 잡히지 않는다. 따라서 전류가 흐를 때 저항 성분만 나오게 되어 위상차가 없다.

그렇다면 왜 위상차가 발생할까? 예제 6의 그래프 (b)에서 고주파수에서 저주파수 쪽으로 가면서(x축 값이 오른쪽 끝에서 시작해서 왼쪽으로 가면서 줄어들면서) 위상 차이가 발생한다. 이는 저항 성분과 병렬로 연결되어 있던 커패시턴스 성분이 발현되기 때문이다.

07

전기화학 산업

1 산업에 응용되기 위한 조건
2 전지에 대하여
3 용량과 에너지
4 리튬 이온 전지 원리
5 이차 전지의 성능
6 이차 전지 에너지 효율
7 방전 속도

1 산업에 응용되기 위한 조건

전기화학 원리가 산업에 응용되려면 크게 세 가지 조건을 만족해야 한다. 첫 번째 조건은 전극의 안정성이다. 전극은 오랜 기간 전해질과 맞닿아 있으면서 화학 반응을 하지 않아야 한다. 전극과 전해질 사이의 주어진 조건에서 화학적 안정성이 중요하다. 예를 들어 높은 온도에서 Cl^- 이온으로 인해 전극이 부식되는 경우, 제품의 성능은 떨어지게 된다. 또는 전해질에 첨가제를 넣었을 때 가스가 발생해서 제품이 부풀어 오르기도 한다. 따라서 전극-전해질의 화학적 안정성 고려를 위해서는 전해질의 용매, 이온, 첨가제 등 모든 화학적 성분을 고려하고 실험해 봐야 한다. 또한 산화물 전극은 높은 pH에서 전극이 조금씩 녹으면서 불안정해지므로 이 역시 고려해야 한다.

두 번째 조건은 경제성이다. 대량생산 제품에서는 원자재와 공정의 원가 절감이 매우 중요하다. 따라서 전기화학 산업에 응용되는 원자재의 수입처와 대체 원자재의 개발 등이 중요하다.

세 번째 조건은 환경 친화성(eco-friendly)이다. 전기화학 산업에 응용되는 기기의 구동은 환경친화적이라고 할 수 있다. 예를 들어 전기 자동차의 경우 매연가스가 발생하지 않는다. 하지만 전기자동차의 배터리 원자재 자체가 환경친화적이지는 않다. 따라서 폐배터리를 재활용하는 기술들이 중요해지고 있다.

2 전지에 대하여

전지(battery)란, 열역학적으로 화학 퍼텐셜(chemical potential)을 전기 에너지 퍼텐셜 (electrical potential)로 변환시킬 수 있는 장치이다. 화학 퍼텐셜은 전극과 전해질의 서로 상(phase)이 다른 물질들이 맞닿아 있고 그 계면을 통해 전자의 이동(패러데이 반응, Faraday reaction)이 일어난다. 이런 시스템을 불균일(heterogeneous) 시스템이라고 한다.

일차 전지(primary battery)는 방전이 된 후 다시 충전되지 않아 다시 사용할 수 없다. 반면 이차 전지(secondary battery)는 방전된 후 시스템을 가역적으로 돌려서 충전할 수 있으므로 충방전으로 어느 정도 계속 사용할 수 있다.

리튬 이온 이차 전지는 충전과 방전을 반복하는데, 이때 중요한 것은 첫 번째 충전 사이클에서 전극의 계면, 특히 음극의 계면에 어떤 화학적 물질들이 생성되느냐이다.

충전과 방전을 한다는 것은 산화 또는 환원 반응을 반복한다는 것이지만, 전해질이 화학 물질이고 전극과 전해질의 계면이 다른 상(phase)이다 보니, 충방전을 하면서 화학 부반응이 일어나게 된다.

여기서 양극(cathode), 음극(anode)은 방전을 기준으로 하고 있다. 양극의 영어 단어로 하면 cathode로 환원 전극을 가리키고, 음극은 anode로 산화 전극을 말한다. 리튬 이온 전지에서는 양극 물질로 리튬을 포함한 금속 산화물(예: $LiCoO_2$)을, 음극 물질로는 흑연을 사용한다. 금속 산화물과 흑연 형태로 존재할 때가 리튬 이온 전지의 평형 상태로 전류가 0이다. 이 안정한 상태를 불안정하게 만들어주는 과정이 충전으로 리튬 금속 산화물에 있던 리튬 이온이 흑연 쪽으로 이동하게 된다. 충전에서는 판상 구조를 가진 흑연이 각 판상의 사이사이로 리튬 이온을 품게 된다. 이것을 층간 삽입(intercalation)이라고 한다.

이렇게 충방전을 통한 산화-환원 반응이 일어나면서 전자의 흐름이 생성된다. 방전 시 진행되는 반응은 열역학적으로 자발적으로 일어나는 반응이고, 생성된 전기 에너지는 핸드폰이나 전기차를 구동시키는 일을 한다. 충전은 방전의 역반응으로 열역학적으로는 비자발적 반응이다. 따라서 외부에서 에너지를 넣어 주어야 한다.

리튬 이온 전지 같은 이차 전지는 충방전을 계속하면서 전극과 전해질의 계면 또는 전해질 안에서 화학 반응을 일으키게 되어, 가스를 생성하거나 충방전에 불리한 유기 물질이 계면에서 형성된다. 이때 충방전의 횟수를 늘리거나, 충방전의 속도를 높일수록 성능이 떨어지게 된다. 전지의 수명은 성능을 유지하면서 충방전 횟수를 어느 정도로 가져갈 수 있느냐가 결정한다. 충전과 방전은 반응의 정반응과 역반응으로 이야기할 수 있으므로, 가역 반응일수록 전지의 수명은 길어진다.

예제 1 리튬 이차 전지에서 양극 소재로는 리튬-코발트 산화물($LiCoO_2$)이, 음극 소재로는 흑연(graphite, C)이 쓰인다고 할 때, 양극과 음극의 기전력은 몇 V인지 구하시오(각 소재의 표준 환원 전위는 2단원 참고).

이차 전지는 양극, 음극, 분리막, 전해질로 구성되며, 양극과 음극은 도선으로 연결해야 한다. 이때 양극, 음극에서의 전자 전달을 잘해 줄 수 있는 전도성이 높고 비교적 값이 비싸지 않은 구리나 알루미늄 포일(foil)을 양극과 음극 물질(활물질)의 기저물질(substrate)로 사용한다. 그리고 양극과 음극을 분리할 수 있는 폴리머 분리막을 사용하여 가까이에 있는 양극과 음극이 닿아서 갑자기 많은 양의 전류가 흐르는 것을 방지한다.

전지 구성을 위해서는 양극 물질과 음극 물질 사이에 전위차가 있어야 한다. 다음 예는 리튬 이온 전지에서 양극 물질인 리튬-코발트 산화물($LiCoO_2$)과 음극 물질인 흑연(graphite, C)의 표준 환원 전위 및 방전 시 전체 반응과 전위차이다. [10]

$$Li_{1-x}CoO_2 + xLi^+ + xe \rightarrow LiCoO_2 \qquad E^\circ = +0.9\ V$$

$$6C + xLi+ + xe \rightarrow C_6Li_x \qquad E^\circ = -2.9\ V$$

방전 전체 반응식: $Li_{1-x}CoO_2 + C_6Li_x \rightarrow LiCoO_2 + 6C$

전위차: $\Delta E^\circ = +0.9\ V - (-2.9\ V) = +3.8\ V$

3 용량과 에너지

이차 전지 개발할 때, 양극과 음극 소재의 표준 환원 전위차(기전력)와 함께 용량(capacity)과 에너지를 고려해야 한다.

$$\begin{aligned} 1\ \text{Faraday} &= 96{,}500\ C\ /\ 1\text{몰 전자} = 96{,}500\ A \cdot sec\ /\ 1\text{몰 전자} \\ &= 96{,}500{,}000\ mA \cdot sec \\ &= 26,\ 800\ mA \cdot h\ /\ 1\text{몰 전자} \end{aligned}$$

1몰의 전자가 가지고 있는 전하량은 96,500 C(쿨롱)이고 이것은 1몰의 전자가 1시간 동안 흘릴 수 있는 전류 26,800 mA이 된다. 이것을 전류와 시간의 곱인 전하량으로 26,800 mAh로 쓴다. 리튬 이온은 +1가를 가지므로 1몰의 리튬 이온이 환원될 때는 1몰의 전자가 필요하다. 이것을 1시간 동안 유지한다고 하면, 이차 전지 안에서 26,800 mA의 전류가 흐르는 것이다.

예제 2 리튬 1 g이 환원될 때 전하량(mAh)을 구하시오(리튬 몰질량은 7.00 g/mol이다).

전극 소재 1 g이 산화 또는 환원될 때의 전하량을 mAh 단위로 나타내고 이것을 비용량(specific capacity, Q)이라고 한다.

$$Q = \text{전자의 몰수} \times \text{Faraday} \div \text{몰질량}$$
$$= \text{전자의 몰수} \times 26{,}800\ (\text{mA} \cdot \text{h/mol}) \div \text{몰질량}$$
$$\text{에너지} = \text{전하량} \times \text{전위차} = Q \times E_{\text{cell}}$$

4 리튬 이온 전지 원리

리튬 이온 이차 전지는 리튬 이온(Li^+)이 충방전의 소스(source)가 되어 작동하는 전지이다. 이때 습기와 산소에 대해 반응성이 너무 좋은 리튬 금속이 부산물로 생기거나 가스가 생기게 되면, 자칫 이차 전지에 위험한 화학 작용이 나타날 수 있다.

리튬 이온 전지의 내부에서 리튬 양이온은 양극(cathode)과 음극(anode)의 전하에 따라 상대극으로 이동(migration)하게 된다. 충전 시 리튬 이온 전지의 음극 활물질로 쓰이는 탄소에 층간 삽입(intercalation)되어 있던 리튬 이온은 방전 시에는 음극에서 분리(dissociation)되어 양극으로 이동한다(음극에서는 산화(oxidation)가 일어난다).

양극 물질로 가장 많이 사용되는 소재는 리튬 코발트 산화물, 리튬 니켈-코발트-망가니즈 산화물, 리튬 니켈-망가니즈-알루미늄 산화물, 리튬 인산철 산화물이다. 음극 소재는 탄소계(예: 흑연), 리튬 타이타늄 산화물, 실리콘계 물질을 사용한다.

어떤 물질을 사용하느냐에 따라 전지 용량이 달라지는데, 이것이 전기차에서는 충전하고 어느 정도의 거리를 갈 수 있느냐와 관련이 있다.

예제 3 리튬 이온 전지 양극으로 $LiCoO_2$, 음극으로 흑연(C)이 사용된다고 할 때, 방전 시의 리튬 양이온의 움직임을 양극과 음극, 전해질을 그리고, 충전 시와 방전 시의 리튬 이온의 이동 방향을 표시하시오.

충전 시에는 리튬 금속 산화물에 있던 리튬 양이온이 빠져나오면서 흑연 쪽으로 이동한다. 리튬 금속 산화물에서 리튬 양이온을 잡고 있던 전자는 도선을 통해 음극으로 이동을 하게 되고, 리튬 양이온이 흑연의 층간 사이로 삽입될 때 리튬 양이온을 잡아주는 역할을 한다. 이것을 음극에서 환원된다고 한다.

방전 시에는 흑연에 삽입되어 있던 양이온이 나오면서 음극(anode) 흑연 쪽에서 산화 반응(anodic reaction)이 일어난다. 다시 리튬 금속 산화물, 양극(cathode) 쪽으로 리튬 이온이 이동되어 양극에서 환원 반응(cathodic reaction)이 일어나게 된다. 따라서 우리가 이차 전지의 양극 음극을 정할 때는 방전 시 산화 반응 또는 환원 반응 중 어떤 반응이 일어나냐에 따라 정하게 된다.

5 이차 전지의 성능

이차 전지 충방전을 그래프로 보여주기 위해 x축은 용량으로 y축은 전압으로 나타낸다. 용량은 (흐르는 전류 × 시간)이므로 mAh 단위를 사용한다. 리튬 이온 전지의 경우 완전히 충전되었을 때의 최대 전압은 4.2 V를 나타낸다. 일반적으로 충전할 때는 일정 전류를 이차 전지에 흘려주게 되는데, 충전 전류의 크기에 따라서도 사용시간과 수명이 결정된다.

방전 전류는 핸드폰에서 어느 기능을 사용하느냐와 주변 환경에 영향을 받는데, 보통 통화를 할 때는 수십 mA의 전류가 방전된다.

그림 7.1은 리튬 이온 이차 전지의 충전과 방전 시 일반적인 그래프 모양이다. 전류-전압 데이터 곡선은 배터리의 현재 상태와 성능을 모니터링하는 데 사용되며 변화된 곡선은 배터리의 이상을 나타낸다.

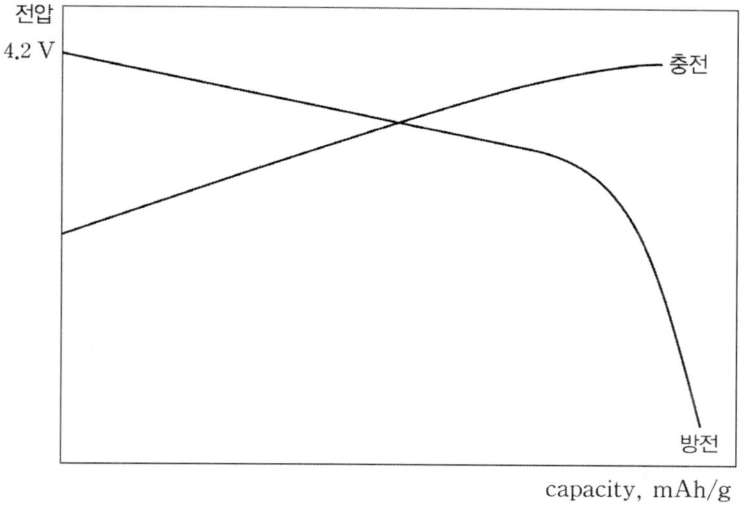

그림 7.1 리튬 이온 전지의 충방전 시 용량과 전압의 관계를 나타낸 그래프

그림 7.1에서 충전 에너지와 방전 에너지는 어떻게 구할 수 있을까? 에너지는 충전 또는 방전 시 전하량과 전위차의 곱($E = \int Vdq$)이므로 그래프에서는 충전 또는 방전 곡선 아랫부분을 적분하면 각 에너지를 구할 수 있다. 이때 방전 에너지량은 충전 에너지량에 비해 작다는 것을 알 수 있는데, 이것은 방전이 되면서 전기 에너지 이외의 열에너지 등으로 소실되어 에너지 효율이 100%가 되지 않기 때문이다.

리튬 이온 이차 전지에서 전극 활물질 소재 개발 시에는 다음과 같은 사항을 염두에 두어야 한다. 첫 번째는 리튬에 대한 환원 전위 차이가 충분히 커야 하며, 1 g의 활물질에서 시간당 얼마나 많은 전류(mAh)를 흐르게 할 수 있는지를 나타내는 용량 역시 충분해야 한다. 용량은 양극과 음극 사이에서 움직이는 리튬 이온의 양에 관계된 것이라고 할 수 있다. 용량을 늘리기 위해서는 양극과 음극의 활물질이 리튬 이온을 많이 함유하면서 많이 탈리시켜야 한다. 이때, 활물질의 구조가 안정되어 리튬 이온의 삽입 및 탈리 시 가역성이 좋아야 한다.

두 번째로 중요한 것은 활물질 구조 내에서 리튬 이온의 확산 이동 속도이다. 전기자동차에서 속도를 낼 때는 많은 양의 전기를 빠르게 뽑아내야 하므로 리튬 이온의 용량뿐 아니라 리튬 이온의 전극 계면에서의 이동 속도와 전해질 내에서의 이동 속도도 중요하다. 세 번째로, 전극 활물질의 전기 전도도가 중요한데, 이를 위해 활물질에 첨가제를 넣어 준다.

이상적인 이차 전지는 충방전을 반복해도 횟수에 따라 용량 감소가 없다. 그러나 실제로는 그렇지가 않다. 이차 전지에서는 전자의 이동에 의한 가역 반응뿐 아니라 그로 인한 화학 반응이 함께 일어나기 때문이다. 즉, 전극-전해질 계면 간 화학 부반응으로 인해, 활물질이 손실되고 변화된다. 따라서 전지를 연구할 때는 초기 충방전 시 전극-전해질 계면에 어떤 변화가 있고, 초기에 형성된 막이 어떤 화학 성분을 가지고 있느냐에 따라 전극에 첨가제를 더해주거나 전해질의 유기물 성분을 변경해 주기도 한다. 특히 가스가 발행하면 전극-전해질 간의 탈착으로 인해 물리적 분량이 생겨 성능이 저하되기도 한다.

리튬 이온 이차 전지에서 성능을 결정하는 중요한 반응은 첫 번째 충전에 의한 전극 계면에서 생기는 부동화막(passivation film)의 성분이다. 특히 첫 충전에서 흑연 전극 계면에서는 리튬 이온의 층간 삽입이 이루어질 때, 리튬 이온과 전해질, 흑연과의 비가역적 화학 반응이 일어나면서 부동화막이 생기게 된다. 따라서 이차 전지 전해질의 성분과 전극 표면 처리가 매우 중요한 이슈가 되고 있다.

6 이차 전지 에너지 효율

효율이란 넣어준 양에 대해 실제 나온 양의 비율이다. 이차 전지에서도 넣어준 전기의 양(충전량)에 대해 출력된 전기의 양(방전량)의 비로 효율을 표현할 수 있으며, 전압 효율(voltaic efficiency, q_v)또는 전하량 효율(coulometric efficiency, q_{Ah})로 나타낸다.

q_v = 방전할 때의 전압($V_{discharge}$) / 충전 시의 전압(V_{charge})
q_{Ah} = 방전할 때의 전하량($Q_{discharge}$) / 충전 시의 전하량(Q_{charge})

에너지는 전위차(V)와 전하량(Q)의 곱으로 나타낸다. 에너지 효율(energy efficiency)은 충전할 때의 에너지 대비 방전 에너지의 비율이다.

에너지 효율 = 방전할 때의 에너지 / 충전 시의 에너지
$= V_{discharge} \cdot Q_{discharge} / V_{charge} \cdot Q_{charge}$

리튬 이온 이차 전지를 충전할 때는 시간당 일정 전류를 흘려준다. 시간에 따라 누적된 전하량에 대해 양극과 음극 간의 전위차(voltage, V)가 생긴다. 이것을 y값으로 잡고 그래프로 표시한다. x축은 비용량(단위 mAh/g)으로, y축은 전위차인 Voltage(V)에 대해서 측정한다. 리튬 이온 전지의 충방전에서 전위차는 보통 리튬 전극에 대한 전위차로 나타내주는데, 이것을 'Voltage vs. Li^+/Li'으로 표시한다.[8]

7 방전 속도

예를 들어 양극 활물질의 비용량이 200 mAh/g인 이차 전지가 있다고 하자. 이 전지는 양극 활물질 1 g당 1시간에 200 mA의 전류가 흐른다. 그런데, 100 mA 전류가 흐르게 한다면 이 이차 전지의 방전 시간은 2시간이 될 것이다.

예제 4 양극 활물질의 비용량이 200 mAh/g인 이차 전지에 대해, 400 mA 전류가 흐르게 하면 전지는 몇 분 만에 완전히 방전되겠는가?

이차 전지에서는 방전 속도(discharging rate)를 C-rate로 표현한다. 예를 들어 1시간 동안 양극 활물질의 비용량이 소모되는 것을 '1C'로 표시한다. 2C는 양극 활물질의 방전 전류를 2배로 흐르게 한다는 의미이다. 이 경우 방전 시간은 반으로 줄어들게 된다. 그렇다면 0.5 C의 방전 속도를 가진다는 것은 어떤 뜻일까? 양극 활물질의 방전 전류를 1 C에서 흐르는 전류의 반으로 줄여서 방전시킨다는 것이므로, 방전 시간은 1 C에서보다 2배가 늘어난다.

C-rate = 방전 전류(discharging current) / 비용량(specific capacity)

방전 속도가 클수록, 즉 전지에서 전류를 한꺼번에 뽑아낼수록 Cell voltage와 용량이 감소한다.

참고문헌

1. M. Sophocleous, 「Thick Film Underground Sensors」, LAP, 2016.
2. P. Daubinger, "Electrochemical characteristics of nanostructured platinum electrodes –a cyclic voltammetry study", *Phys. Chem. Chem. Phys*. 2014, 16, 8392
3. Allen J. Bard, Larry R. Faulkner 저, 「Electrochemical methods fundamentals and applications」, 2nd ed., Wiley, 2001.
4. David Halliday 외 저, 「Fundamentals of Physics」, 12th ed., Wiley International Edition, 2021.
5. 백운기, 박수문 저, 『전기화학』, 청문각, 2012.
6. Peter Atkin 외 저, 안운선 역, 『물리화학』, 제11판, 교보문고, 2020.
7. 박수문, "Electrochemical Impedance Spectroscopy", 고분자과학과 기술 제10권 6호, 1999년 12월.
8. 이진영, 『응용전기화학 교재』, 한국공학대학교.
9. 오승모 저, 『전기화학』, 제2판, 자유아카데미, 2015.
10. 이동주, 문태호, 윤종원 저, 『나노 기반 에너지 재료』, 단국대학교출판부, 2015.

부록: 표준 환원 전위 표

반쪽 반응	E°(V)
$F_2(g) + 2e^- \rightarrow 2F^-(aq)$	+ 2.87
$O_3(g) + 2H^+(aq) + 2e^- \rightarrow O_2(g) + H_2O$	+ 2.07
$Co^{3+}(aq) + e^- \rightarrow Co^{2+}(aq)$	+ 1.82
$H_2O_2(aq) + 2H^+(aq) + 2e^- \rightarrow 2H_2O$	+ 1.77
$PbO_2(s) + 4H^+(aq) + SO4^{2-}(aq) + 2e^- \rightarrow PbSO_4(s) + 2H_2O$	+ 1.70
$Ce^{4+}(aq) + e^- \rightarrow Ce^{3+}(aq)$	+ 1.61
$MnO_4^-(aq) + 8H^+(aq) + 5e^- \rightarrow Mn^{2+}(aq) + 4H_2O$	+ 1.51
$Au^{3+}(aq) + 3e^- \rightarrow Au(s)$	+ 1.50
$Cl_2(g) + 2e^- \rightarrow 2Cl^-(aq)$	+ 1.36
$Cr_2O_7^{2-}(aq) + 14H^+(aq) + 6e^- \rightarrow 2Cr^{3+}(aq) + 7H_2O$	+ 1.33
$MnO_2(s) + 4H^+(aq) + 2e^- \rightarrow Mn^{2+}(aq) + 2H_2O$	+ 1.23
$O_2(g) + 4H^+(aq) + 4e^- \rightarrow 2\ H_2O$	+ 1.23
$Br_2(l) + 2e^- \rightarrow 2Br^-(aq)$	+ 1.07
$NO_3^-(aq) + 4H^+(aq) + 3e^- \rightarrow NO(g) + 2\ H_2O$	+ 0.96
$2Hg^{2+}(aq) + 2e^- \rightarrow Hg_2^{2+}(aq)$	+ 0.92
$Hg_2^{2+}(aq) + 2e^- \rightarrow 2Hg(l)$	+ 0.85
$Ag^+(aq) + e^- \rightarrow Ag(s)$	+ 0.80
$Fe^{3+}(aq) + e^- \rightarrow Fe^{2+}(aq)$	+ 0.77
$O_2(g) + 2H^+(aq) + 2e^- \rightarrow H2O2(aq)$	+ 0.68
$MnO_4^-(aq) + 2H_2O + 3\ e- \rightarrow MnO_2(s) + 4OH^-(aq)$	+ 0.59
$I_2(s) + 2e^- \rightarrow 2I^-(aq)$	+ 0.53
$O_2(g) + 2H_2O + 4e^- \rightarrow 4OH^-(aq)$	+ 0.40
$Cu^{2+}(aq) + 2e^- \rightarrow Cu(s)$	+ 0.34
$AgCl(s) + e^- \rightarrow Ag(s) + Cl^-(aq)$	+ 0.22
$SO_4^{2-}(aq) + 4H^+(aq) + 2e^- \rightarrow SO_2(g) + 2H_2O$	+ 0.20
$Cu^{2+}(aq) + e^- \rightarrow Cu^+(aq)$	+ 0.15
$Sn^{4+}(aq) + 2e^- \rightarrow Sn^{2+}(aq)$	+ 0.15

반쪽 반응	$E°$(V)
$2H^+(aq) + 2e^- \rightarrow H_2(g)$	0.00
$Pb^{2+}(aq) + 2e^- \rightarrow Pb(s)$	-0.13
$Sn^{2+}(aq) + 2e^- \rightarrow Sn(s)$	-0.14
$Ni^{2+}(aq) + 2e^- \rightarrow Ni(s)$	-0.25
$Co^{2+}(aq) + 2e^- \rightarrow Co(s)$	-0.28
$PbSO_4(s) + 2e^- \rightarrow Pb(s) + SO_4^{2-}(aq)$	-0.31
$Cd^{2+}(aq) + 2e^- \rightarrow Cd(s)$	-0.40
$Fe^{2+}(aq) + 2e^- \rightarrow Fe(s)$	-0.44
$Cr^{3+}(aq) + 3e^- \rightarrow Cr(s)$	-0.74
$Zn^{2+}(aq) + 2e^- \rightarrow Zn(s)$	-0.76
$2H_2O + 2e^- \rightarrow H_2(g) + 2OH^-(aq)$	-0.83
$Mn^{2+}(aq) + 2e^- \rightarrow Mn(s)$	-1.18
$Al^{3+}(aq) + 3e^- \rightarrow Al(s)$	-1.66
$Be^{2+}(aq) + 2e^- \rightarrow Be(s)$	-1.85
$Mg^{2+}(aq) + 2e^- \rightarrow Mg(s)$	-2.37
$Na^+(aq) + e^- \rightarrow Na(s)$	-2.71
$Ca^{2+}(aq) + 2e^- \rightarrow Ca(s)$	-2.87
$Sr^{2+}(aq) + 2e^- \rightarrow Sr(s)$	-2.89
$Ba^{2+}(aq) + 2e^- \rightarrow Ba(s)$	-2.90
$K^+(aq) + e^- \rightarrow K(s)$	-2.93
$Li^+(aq) + e^- \rightarrow Li(s)$	-3.05

선택 예제 해답

1단원

예제 3

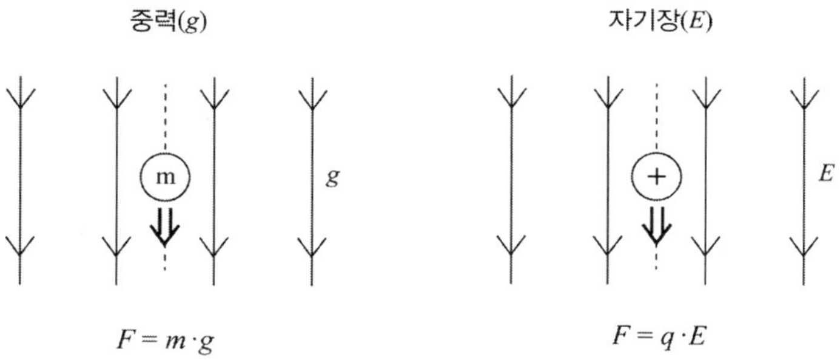

예제 4

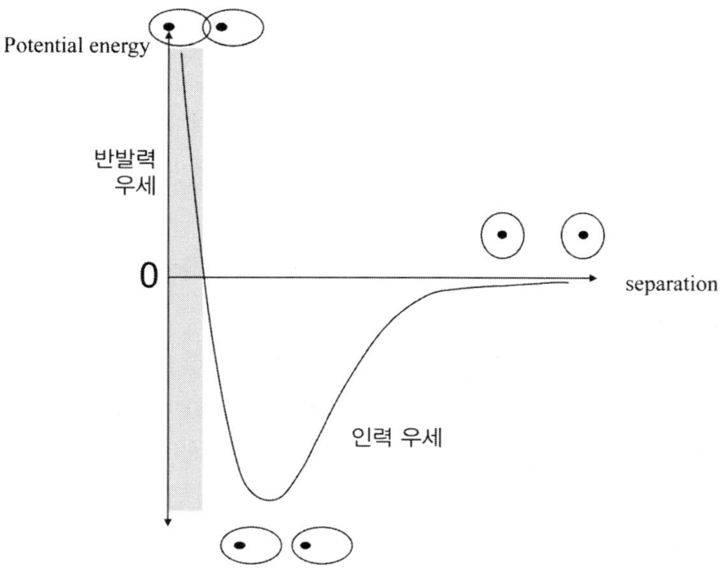

예제 5

전자 1개가 가지는 전하량(Q)은 다음과 같이 구할 수 있다.

$$1.6\times10^{19}\ \mathrm{J} = 1\ \mathrm{V}\times Q$$

$$Q = 1.6\times10^{-19}\ \mathrm{C}$$

$$\therefore \frac{1\ \mathrm{C}}{1.6\times10^{-19}\ \mathrm{C}/\text{전자 1개}} = 6.25\times10^{18}\text{개 전자}$$

2단원

예제 2

리튬의 산화 반쪽 반응: $Li \rightarrow Li^{+} + e$

금의 산화 반쪽 반응: $Au \rightarrow Au^{3+} + 3e$

수용액 상에서 금속이 산화 반응을 한다고 할 때, 금속은 물과 반응하여 금속 양이온이 되고 전자를 내놓는다. 리튬(Li)은 반응성이 공기 중에서도 매우 반응성이 크므로, 양이 많을 경우 폭발로까지 이어질 수 있다. 이런 폭발은 리튬 이온 전지에서 패키징을 완벽하게 해야 하는 이유이기도 하다. 반면에 금(Au)은 반응성이 매우 떨어져서 고체 그대로 발견되며, 귀금속(novel metal)이라고 불린다.

예제 4

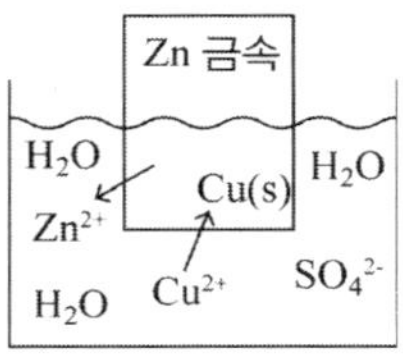

Zn(s) → Zn2+(aq) + 2e 산화 반응

Cu2+(aq) + 2e → Cu(s) 환원 반응

물에 녹아 있던 구리 이온이 Zn 금속 표면에 구리 고체로 석출된다.

예제 5

(a) 2개, (b) 2몰, (c) 6몰, (d) 금 또는 백금은 반응성이 매우 약해서 물 속에서 산화 반응을 하지 않고 그대로 고체로 있게 된다.

(e) 산화는 전자를 내놓는 반응이고, 환원은 전자를 받아들이는 반응이다. 한편, 환원력(환원 세기)은 상대를 환원시킬 수 있는 힘으로, 본인은 전자를 내놓아야 상대를 환원시킬 수 있다. 즉 환원력은 본인이 산화를 잘할수록 크며, 금속으로 보면 양이온이 되기 쉬워 반응성이 높은 금속이 환원력이 크다. 따라서 니켈이 은보다 산화를 더 잘해서 환원력이 더 크다고 할 수 있다.

(f) 활동도 서열은 양과는 관계가 없다.

예제 6

(a) 환원 전극: [Fe(CN)6]3- + e → [Fe(CN)6]4-

산화 전극: [Fe(CN)6]4- → [Fe(CN)6]3- + e

(b) 전기화학 셀에서 자발적으로 (저절로) 전류가 흐르기 위해서, 활동도가 커서 산화하기 쉬운 아연(Zn)이 산화 전극으로, 구리(Cu)는 환원 전극으로 사용된다.

(c) 전해질은 산화 전극과 환원 전극 사이에 있는 매질로 이온을 이동시켜 전기화학 셀이 작동할 수 있도록 도와준다. 따라서 전해질은 이온 이동이 쉽게 이루어질 수 있는 물질 조성이어야 하고, 이 전해질 안에 산화되거나 환원되는 산화-환원종이 포함되기도 한다.

예제 9

(a) 전기화학에서는 퍼텐셜이 마이너스로 된다는 것을 전자가 차오르고 있는 것으로 해석하면 편한 경우가 많다. 전자를 물이라고 보고 전자의 물이 차오르면 물이 위에서 아래로 흐르듯, 전자를 받을 수 있는 비어 있는 에너지 준위를 가지고 있는 산화종이 전극 근처에 있을 경우 열역학적으로 환원 반응이 가능하다고 보는 것이다.

(b) 전극 근처에 있는 화살표가 위치한 가로줄은 산화-환원종이 가지고 있는 에너지 준위를 가리킨다. 산화-환원종 분자 오비탈에 에너지가 낮은 준위부터 전자가 채워져 있고, 전자가 채워지지 않고 비어 있는 오비탈이 존재한다. 비어 있는 오비탈 중에서 에너지 준위가 가장 낮은 오비탈을 Lowest Unoccupied Molecular Orbital(LUMO)라고 부르는데, 전자를 받을 때는 LUMO 오비탈 에너지 준위로 전자가 들어온다. 반대로 전자를 내보낼 때는 전자로 채워진 오비탈 중 가장 높은 에너지 준위에 위치한 오비탈에서 전자가 빠져나가고, 이 오비탈을 Highest Occupied Molecular Orbital(HOMO)라고 한다.

(h) 보통의 수돗물 안에는 여러 가지 이온들과 물질이 섞여 있다. 탈이온수(deionized water)는 3차 증류수라고 하는데, 반응에 영향을 주는 이온이나 불순물이 없는 상태로 만들어야 한다.

(i) 지지 전해질이 될 수 있는 물질은 KCl, KSO_4, NaCl, $NaNO_3$, KNO_3 등이다. 수용액 상에서 거의 100% 이온화가 되면서 산화-환원 반응에는 영향을 주지 않는 물질이어야 한다. 또한 산화-환원종이 반응하는 퍼텐셜이나 전류의 영역에서는 반응하지 않아야 한다. 즉 전기화학적 반응성이 낮아야 한다.

예제 14

(a) $$E = (9 \times 10^9)\frac{1.6 \times 10^{-19}}{(0.03)^2(m^2)} = 1.6 \times 10^{-6}\ \mathrm{V}$$

$$E = (9 \times 10^9)\frac{1.6 \times 10^{-19}}{1.0 \times 10^{-9}} = 1.4 \times 10^{9}\ \mathrm{V}$$

예제 16

(d) 1기압, 수용액 농도가 1 M이므로 표준 상태이다.

예제 17

전기 분해는 외부에서 에너지를 넣어주고 물에서 수소와 산소기체를 얻는 것이다. 따라서 물이 산성인 경우 H^+ 가 있는 수용액 상에서 반응물은 H^+이고, 생성물로 수소와 산소 기체이면 된다.

$$\text{산화 전극 반응:}\quad 2H_2O \rightarrow O_2(g) + 4H^+(aq) + 4e$$

$$\text{환원 전극 반응:}\quad 2H^+ + 2e \rightarrow H_2(g)$$

전기 분해는 자발적으로 일어나지 않으므로 $\Delta G^\circ = -nFE^\circ\text{cell} > 0$ 이다. 즉 E° cell은 마이너스 값을 갖는다. 기전력을 구할 때 환원 전극 반응의 표준 환원 전위에서 산화 전극 반응의 표준 환원 전위를 빼준다.

$$E^\circ_{\text{cell}} = (0\ \text{V}) - (1.23\ \text{V}) = -1.23\ \text{V}$$

위의 경우에서 물이 중성이면 반응물이 물이 되므로,

$$\text{산화 전극 반응:}\quad 2H_2O \rightarrow O_2(g) + 4H^+(aq) + 4e$$

$$\text{환원 전극 반응:}\quad 2H_2O + 2e \rightarrow H_2(g) + 2OH^-(aq)$$

$$E^\circ_{\text{cell}} = (-0.83\ \text{V}) - (1.23\ \text{V}) = -2.06\ \text{V}$$

앞에서 물이 산성인 경우에도 중성인 물이 환원 반응을 할 수 있지만, 표준 환원 전위로 보면 (열역학적으로) 물보다 H^+의 환원이 더 쉬우므로 산성인 경우에는 H^+의 환원 반응이 일어난다.

예제 18

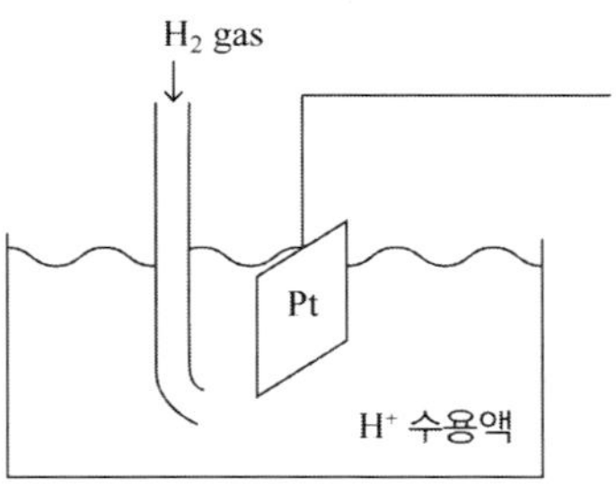

예제 20

기준 전극은 작업 전극과의 전압을 측정해야 하므로, 회로가 되어야 한다. 즉 두 전극을 담가 놓은 전해질에서는 이온이 이동할 수 있어야 한다. 하지만 Ag/AgCl 전극에서는 전극 전위를 일정하게 유지해야 하므로, Cl− 포화 용액으로 둘러싸여 있어야 한다. 따라서 작업 전극이 담겨있는 용액과 섞이지 않도록 분리를 해주되, 이온만 이동할 수 있어야 한다. 두 전극 사이를 다공성 유리막으로 구분 지어주면 용액의 화학물질은 이동하지 않으면서 이온만 이동할 수 있게 된다.

예제 22

AgCl이 물에 녹는 반응은 다음과 같다.

$$AgCl(s) \rightleftharpoons Ag^{+}(aq) + Cl^{-}(aq)$$

이온 활동도 a를 이용하여 이 반응의 K_{sp}를 나타내면 다음과 같다.

$$K_{sp} = a_{Ag^+} \cdot a_{Cl^-} = [Ag^+]\gamma_+[Cl^-]\gamma_- = [Ag^+][Cl^-]\gamma_\pm^2$$

$NaNO_3$를 첨가하면 $\gamma_\pm$의 값은 감소하고, K_{sp}는 일정하므로 [Ag+][Cl-]가 증가해야 한다. 따라서 AgCl(s)의 용해도는 $NaNO_3$를 첨가할 때 증가한다.

예제 23

$$E = E^\circ - \frac{RT}{nF}\ln\frac{\gamma_R[R]}{\gamma_O[O]} = E^\circ - \frac{RT}{nF}\ln\frac{\gamma_R}{\gamma_O} - \frac{RT}{nF}\ln\frac{[R]}{[O]}$$

앞의 두 항이 곧 형식 전위(formal potential) $E^{\circ\prime}(=E^\circ - \frac{RT}{nF}\ln\frac{\gamma_R}{\gamma_O})$를 가리킨다.

예제 25

Zn^{2+}와 Ni^{2+}의 환원 반쪽 반응과 표준 환원 전위는 각각 다음과 같다.

$$Zn^{2+} + 2e \rightarrow Zn(s) \qquad E^\circ = -0.76\ V$$

$$Ni^{2+} + 2e \rightarrow Ni(s) \qquad E^\circ = -0.25\ V$$

(a) 전극 반응은 $Ni^{2+}(aq) + Zn(s) \rightarrow Ni(s) + Zn^{2+}(aq)$이므로 표준 상태에서의 기전력은 다음과 같다.

$$E_{cell} = (-0.25\ V) - (-0.76\ V) = +0.51\ V$$

(b) $[Ni^{2+}] = 3.00$ M, $[Zn^{2+}] = 0.100$ M일 때 기전력은 다음과 같다.

$$E_{cell} = +0.51\ V - \frac{RT}{2F}\ln\frac{a_{Zn^{2+}}}{a_{Ni^{2+}}} \approx 0.51\ V - \frac{RT}{2F}\ln\frac{[Zn^{2+}]}{[Ni^{2+}]}$$

$$= 0.51 - \frac{0.0257}{2}\ln\frac{0.100}{3.00} = 0.55\ V$$

예제 26

두 전극 사이 전해질에는 저항이 존재하게 되는데, 전류가 흐르면서 전류 × 저항만큼의 전압이 전해질 전체에 걸리게 되고, 실험자가 작업 전극에 가하는 전압의 일부는 작업 전극에서 일어나는 산화 또는 환원 반응 이외에서 쓰이게 된다. 즉, 정확하게 산화-환원 반응에 얼마만큼의 전압이 쓰였는지 알 수 없다.

3단원

예제 1

(a) 자발적으로 일어나려면 기전력의 부호가 플러스가 되어야 한다. 표준 환원 전위에서 전자가 채워지는 오비탈의 에너지 준위의 위치를 보면 구리 이온의 환원이 더 쉽게 된다.

$$Zn^{2+} + 2e \rightarrow Zn \qquad E^\circ = -0.76\ V$$

$$Cu^{2+} + 2e \rightarrow Cu \qquad E^\circ = +0.34\ V$$

따라서 기전력은 +0.34 V − (-0.76 V) = +1.1 V이다.

아래는 K+와 Cl-의 표준 환원 전위이다.

$$Na^+ + e \rightarrow Na \quad E^\circ = -2.71\ V$$

$$Cl_2 + 2e \rightarrow 2Cl^- \quad E^\circ = +1.36\ V$$

표준 환원 전위에 의하면, Na^+가 환원되기 위해서는 −2.71 V (vs. NHE)보다 더 음의 값을 가져야 한다. 또한 Cl^- 이온이 전자를 버리고 산화 반응을 하면서 염소 기체가 발생하려면, +1.36 V (vs. NHE)보다 더 양의 값을 가져야 한다. 즉 아연과 구리의 산화 환원보다 매우 큰 기전력이 필요하고, 우리는 이 실험에서 아연과 구리의 산화-환원 반응이 가능한 전위만을 인가할 것이므로, 지지 전해질로 쓰이는 NaCl의 산화 환원 반응은 일어나지 않게 된다.

(b) 물 분자의 산화 또는 환원 반응에 관한 표준 환원 전위를 확인해야 한다. 물이 중성인 경우는 반응물이 물이 되고, 아래와 같은 물의 환원 반응에 대한 표준 환원 전위는 −0.83 V이다.

$$2H_2O + 2e \rightarrow H_2(g) + 2OH^-(aq)$$

즉 −0.83 V보다 더 음의 전압을 가해야 된다는 말이고, 아연−구리 산화 환원 반응에서는 이 범위를 넘어서 전압을 가하지 않도록 설정하면 물의 전기화학 반응은 일어나지 않을 것이다.

예제 2

$AgBr + e \rightarrow Ag + Br^-$ $E° = +0.0711$ V

$Br_2(aq) + 2e \rightarrow 2Br^-$ $E° = +1.09$ V

$2H^+ + 2e \rightarrow H_2$ $E° = 0.00$ V

Pt / H^+, Br^-(1 M) / AgBr / Ag의 전기화학 셀에서 수소 양이온의 환원 전극으로 사용한 Pt 전극은 수소 양이온 환원의 전자 전달 속도를 빠르게 할 수 있는 최적의 전극이다. 따라서 Pt 전극 사용 시 수소 양이온의 환원은 0 V (vs. NHE)보다 약간 마이너스 전위에서 일어난다. 만약 수소 양이온의 환원 전극으로 Hg를 사용한다면 수소 양이온의 열역학적인 환원의 전자 전달 속도는 느리므로, 열역학적인 전위보다 훨씬 더 마이너스 쪽으로 전위를 걸어줘야 수소 양이온의 환원 반응을 실제로 볼 수 있다. 이때 열역학 전위보다 더 걸어주는 전위를 과전위(overpotential)이라고 부른다.

한편, 이 셀에서는 Ag/AgBr 전극에 대한 전위를 측정하게 된다. 그렇다면, $AgBr + e \rightarrow Ag + Br^-$을 기준으로, 즉 0 V로 한다면 $2H^+ + 2e \rightarrow H_2$의 반응의 환원 전위는 −0.0711 V가 되어야 한다.

전자 전달 속도가 충분히 빠른 Pt 전극에서 Ag/AgBr을 기준으로 수소 양이온의 환원 반응이 일어나는 전위는 −0.0711 V 근처 또는 그보다 약간 마이너스가 되는 전위가 된다. 그렇다면 $2Br^-$의 산화 반응은 +1.02 V (vs. Ag/AgBr)보다 약간 더 플러스가 되는 전위에서 일어난다.

예제 3

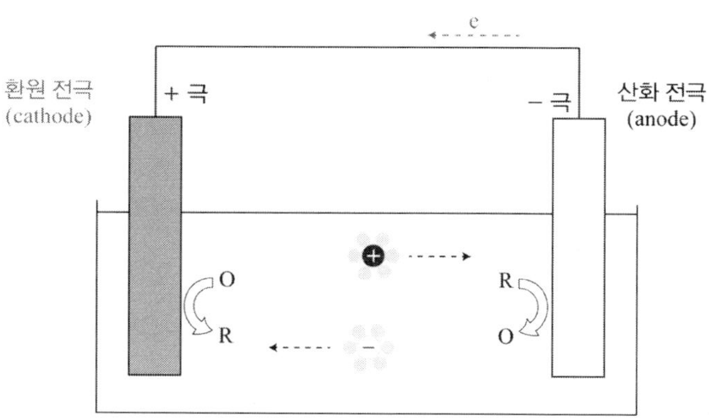

예제 6

Convection은 용액을 물리적으로 움직여서 이온을 이동하게 만드는 것이다. migration은 + 이온은 정전기적 인력에 의하여 - 전극으로 이동하고, - 이온은 + 전극으로 이동한다. 여기서 migration에 의한 이온의 이동 효과를 제거하기 위해서는, 산화-환원종 이외에 전하를 가지면서 불활성인 지지 전해질을 충분한 양으로 넣어줄 수 있다. 즉, 정전기적 인력에 의하여 이동하는 것은 주로 지지 전해질 이온이 되도록 설정하면 좋다.

4단원

예제 6

(a) 온도와 충돌 횟수가 일정할 때, 평형 상태에서 정반응과 역반응의 활성화 에너지를 표시하면 ⓐ이다.

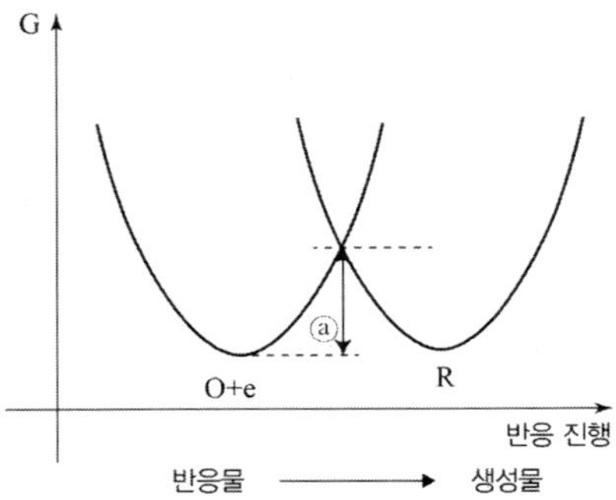

예제 9

$$i = i^{\circ}\left[\exp\left[-\alpha \frac{nF}{RT}(E - E_{eq})\right] - \exp\left[(1-\alpha)\frac{nF}{RT}(E - E_{eq})\right]\right]$$

예제 10

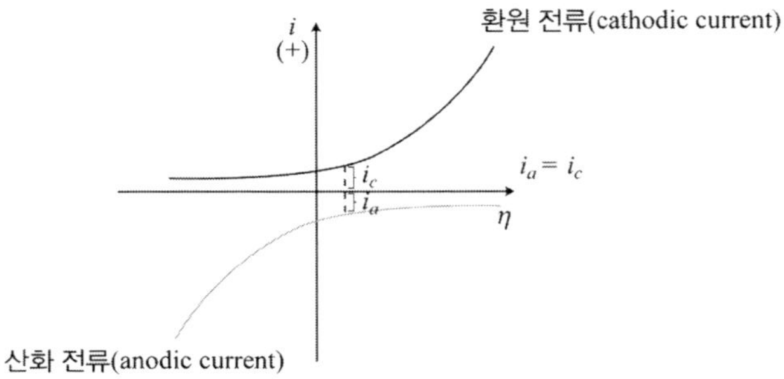

예제 13

(b)

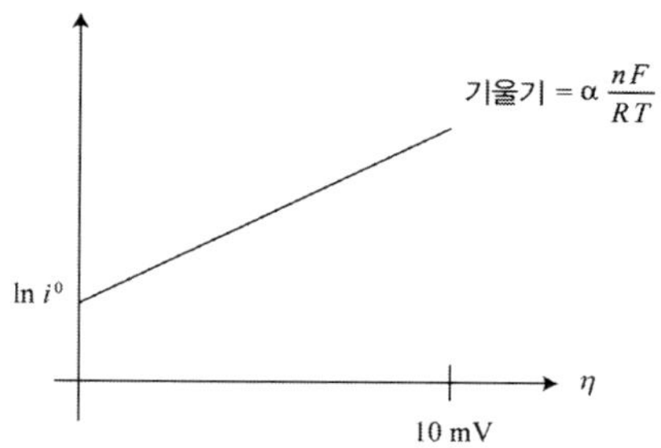

5단원

예제 4

10^3 M/m

예제 5

3.25×10^{-5} m = 32.5 μm

예제 6

전극 표면에서 전자 전달 속도가 빠를 때:

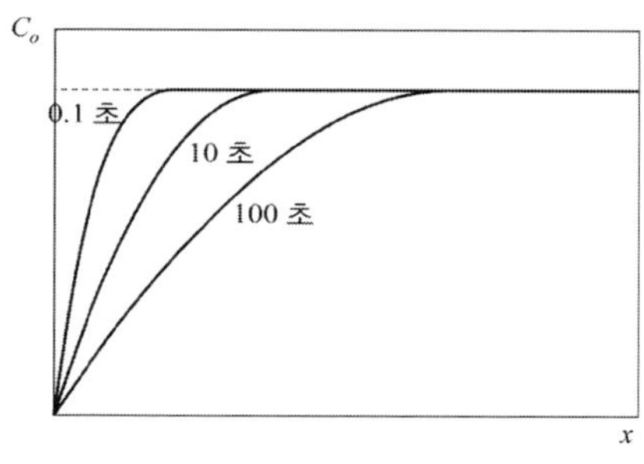

전극 표면에서 전자 전달 속도가 느릴 때:

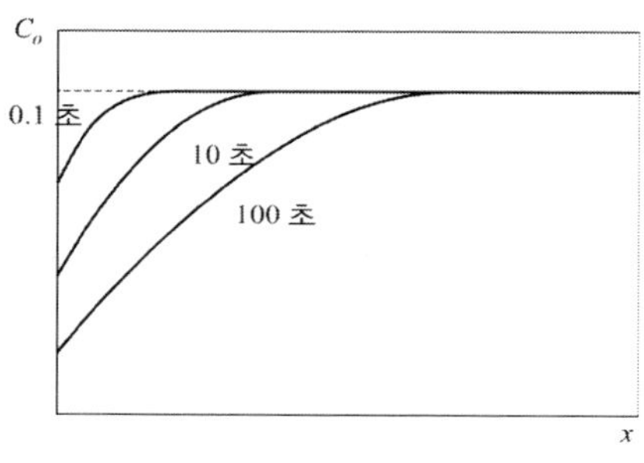

예제 3

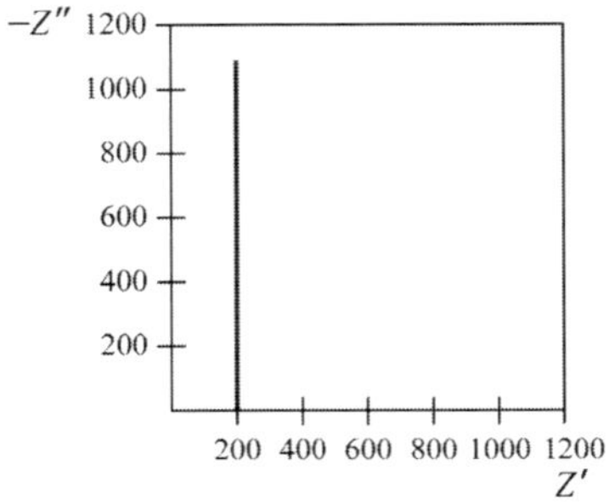

예제 5

(a)

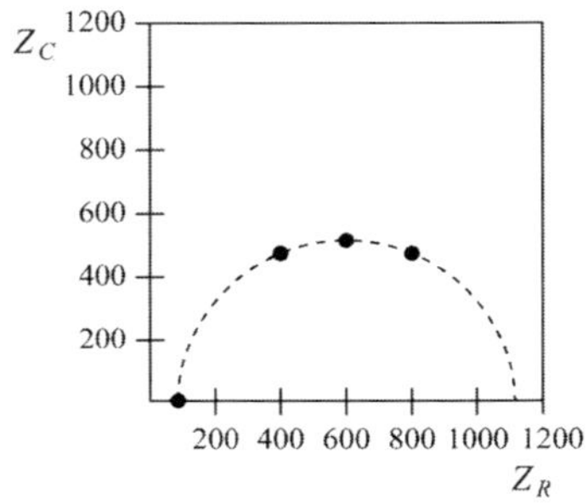

예제 6

(a) 두 그래프 중 (a)에서 R_s를 구할 수 있다.

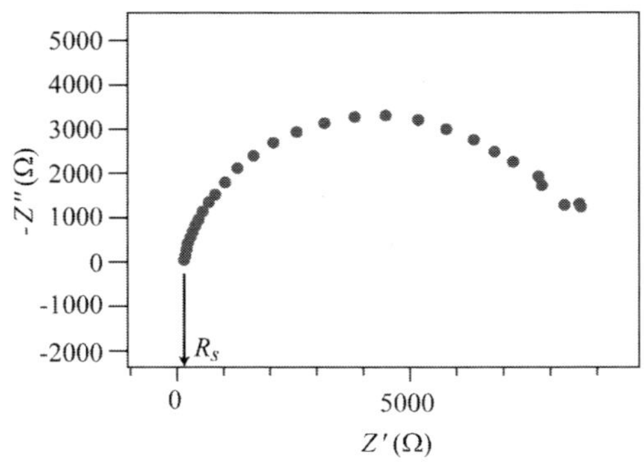

(b) 위 그래프에서 반원을 그려 y축($-Z''$)이 0일 때 x축(Z') 값을 보면 된다. 대략 9000~10000 ohm 사이로 나올 수 있다.

7단원

예제 2

리튬 1몰이 환원될 때 전자 1몰이 사용된다. 이때 26,800 mAh 전류가 흐른다.
리튬 1 g은 약 1/7몰이므로 26,800 mAh / 7 = 3829 mAh의 전류가 흐르게 된다.

예제 4

비용량 200 mAh/g 이차 전지에서 방전 전류 200 mA일 때 방전 시간은 1시간이다.
따라서 방전 전류 400 mA일 때는 방전시간이 30분이다.

찾아보기

저자 소개

이진영
포항공과대학교 화학과 학사
포항공과대학교 화학과 석사
서울대학교 화학과 박사
(현) 한국공학대학교 생명화학공학과 교육전담교수

기초 전기화학

저　　자　이진영
발 행 인　김지영
발 행 처　자유아카데미
주　　소　경기도 파주시 회동길 37-42
　　　　　파주출판도시
전　　화　031-955-1321
팩　　스　031-955-1322
홈페이지　www.freeaca.com
전자우편　main@freeaca.com (대표)
　　　　　editor@freeaca.com (편집)
　　　　　crm@freeaca.com (영업)
등　　록　제406-2003-017호, 1980. 7. 12
제1판1쇄　2025년 6월 15일 발행

저자와의
협의하에
인지생략

ISBN 979-11-5808-719-7　93430